Abel Hernández - Muñoz
Naika Luisa Montalván -González

Flora y vegetación de Sierra Las Damas, Cuba

Abel Hernández - Muñoz
Naika Luisa Montalván -González

Flora y vegetación de Sierra Las Damas, Cuba

Composición y estructura de la vegetación presente en áreas boscosas de Sierra Las Damas, Sancti Spíritus, Cuba

Editorial Académica Española

Imprint

Cover image: www.ingimage.com

Publisher:
Editorial Académica Española
is a trademark of
Dodo Books Indian Ocean Ltd. and OmniScriptum S.R.L publishing group

120 High Road, East Finchley, London, N2 9ED, United Kingdom
Str. Armeneasca 28/1, office 1, Chisinau MD-2012, Republic of Moldova, Europe
Managing Directors: Ieva Konstantinova, Victoria Ursu
info@omniscriptum.com

Printed at: see last page
ISBN: 978-620-8-82699-4

COMPOSICIÓN Y ESTRUCTURA DE LA VEGETACIÓN PRESENTE EN ÁREAS BOSCOSAS DE SIERRA LAS DAMAS, SANCTI SPÍRITUS, CUBA.

COMPOSITION AND STRUCTURE OF DE VEGETATION OF THE FOREST IN LAS DAMAS HILL, SANCTI SPÍRITUS, CUBA.

MSc. Abel Hernández Muñoz,
Ing. Naika Montalván

Sancti Spíritus

ÍNDICE

1. INTRODUCCIÓN

El manejo de áreas protegidas, especialmente en lo que se refiere a su flora y fauna, requiere de un conocimiento previo y minucioso de las especies y comunidades o ensambles que integran las biocenosis, para así poder adoptar medidas adecuadas que redunden en el control y conservación de dichas comunidades. Así la evaluación ecológica de taxocenosis naturales, resulta de vital importancia para emprender cualquier acción realmente científica sobre la naturaleza.

Uno de los recursos naturales sobre los cuales el impacto antrópico ha resultado más intenso es la vegetación, a partir del uso forestal de sus especies y la tala para expandir las fronteras agrícolas y ganaderas. Al respecto, en la obra Árboles de Cuba el sabio botánico Johannes Bisse, durante su análisis de las fitocenosis, expresó: *El desarrollo de las actividades y la consecuente transformación de la naturaleza que avanza actualmente con rapidez, pone en peligro de desaparecer unas cuantas especies arbóreas que poseen un área limitada de distribución y aparecen en poblaciones poco numerosas.*

Esta situación se hace más preocupante si se tiene en cuenta el alto endemismo que caracteriza a la flora cubana: las plantas autóctonas del archipiélago cubano representan el 90 % del total de la flora, las que están actualmente confinadas a diversos refugios, que en su conjunto representan un 25% del territorio nacional, especialmente en áreas de difícil acceso, o de suelos cuyas características físico-químicas le impiden cualquier uso agrícola.

Paralelamente, la insularidad hace que la flora cubana sea muy vulnerable, lo que ha sido reconocido por diversos autores, entre ellos Borhidi (1996) (citado por: Castañeda 1999), para quien la vulnerabilidad de la flora es particularmente acentuada debido a factores como: la constitución de la flora (está formada por una flórula antiguamente aislada); la adaptación de la mayoría de los endemismos a condiciones ecológicamente extremas de áreas oligotróficas o pioneras (por eso, tanto la intensidad metabólica de estos organismos como su competitividad, han descendido) y a que muchos endemismos tienen poca sociabilidad (al estar representados por poblaciones escasas, formadas por pocos individuos).

Esto explica que en el país se priorice la conservación *ex situ* e *in situ* y que el Ministerio de Ciencia, Tecnología y Medio Ambiente, haya establecido varios programas nacionales dedicados a este propósito, entre ellos el Programa

Nacional de Biodiversidad, que entre sus múltiples acciones contempla la realización de inventarios florísticos y estudios ecológicos relativos a ecosistemas, especies y recursos genéticos existentes, para así contribuir a garantizar la permanencia de los ecosistemas cubanos, en especial en el contexto de las áreas protegidas.

La importancia de la presente investigación radica en: constituir el primer estudio sobre la composición y estructura delas formaciones vegetales y la flora de Sierra de Las Damasy continuar profundizando en el estudio que se lleva a cabo del área, con el fin de realizar el manejo más adecuado para esta área protegida en la categoría de manejo de elemento natural destacado.

Para el estudio se partió de la siguiente hipótesis:

Las formaciones vegetales boscosas y la flora de Sierra de Las Damas, son estables, biodiversas e interesantes con especies endémicas de valor para la conservación de la biodiversidad en general y de la flora en particular.

El objetivo general de la investigación fue:

Determinar la composición y estructura de la vegetación boscosa presente en el área de manejo Sierra de Las Damas.

Objetivos específicos:

1. Determinar la composición taxonómica de las comunidadesvegetales.
2. Descubrir las especies endémicas que la integran.
3. Realizar el análisis fisionómico de estas formaciones vegetales.
4. Calcular los índices ecológicos más importantes de las comunidades de plantas.

2. REVISIÓN BIBLIOGRÁFICA

2.1-Antecedentes sobre estudios de la flora cubana.

2.1.1-Origen de la flora de Cuba.

Según Trujillo (1988) (citado por: Castañeda 1999) durante el cuaternario hubo períodos de tiempo prolongados en los cuales las alturas cársicas de la cordillera de Las Villas constituyeron cayos aislados en forma de subarchipiélagos, producto de las transgresiones marinas causadas por las glaciaciones. De igual forma, durante los períodos interglaciales ocurrieron regresiones marinas donde gran parte de la plataforma insular actual constituyeron territorios emergidos, que formaron extensas llanuras que comunicaban por vía terrestre las actuales zonas emergidas con el archipiélago Sabana – Camagüey.

Las posibles rutas por las que transitaron los diferentes grupos vegetales en sus migraciones hacia el archipiélago cubano, Borhidi y Muñiz (1985) (citado por: Castañeda 1999) señalan para la vegetación asociada al carso, dos centros primarios de evolución; el primero de ellos en la Sierra de los Órganos, en el occidente del país, cuyos elementos migraron y llegaron hacia el este y un segundo centro en los mogotes orientales, donde se originaron migraciones hacia el sur y otras se extendieron por el este desde las montañas de Nipe y continuaron por el bloque de alturas cársicas situadas al norte y paralela a la costa en Cuba Central, de esta manera se forman la flora de las Sierra de Cubitas, de Najasa y de las arenas costeras. Según Castañeda (1999), la influencia de esta migración se relacionó de igual forma con los Mogotes de Jumagua en Sagüa la Grande. Estos mogotes forman parte de la Cordillera del Nordeste de Las Villas o del norte de Cuba Central, por lo que este autor considera que en la sierra Lomas de La Canoa, también ocurrieron fenómenos migratorios similares.

Se plantea que el archipiélago cubano cuenta con una gran diversidad florística, se considera que existen aproximadamente unas 8 000 especies, las que se encuentran agrupadas en 180 familias botánicas que se corresponden con numerosos factores que se encuentran íntimamente relacionados con el origen y desarrollo de estas especies, como son la posición geográfica, el suelo, el agua disponible, el clima, entre otros.

2.2.1-Formaciones vegetales de Cuba.

Cuba se caracteriza por poseer una alta complejidad y heterogeneidad en sus ecosistemas, esto está condicionado por la posición que tiene el archipiélago en la zona neotropical, donde la isla principal tiene una configuración alargada, estrecha y sublatitudinal, por lo cual recibe una influencia marítima constante y una marcada estacionalidad climática.

Tiene un predominio de rocas carbonatadas en gran parte del territorio. Existen diferencias en el relieve con presencia de montañas, alturas y una preponderancia de las llanuras, lo que ha condicionado una gran diversidad de la biota unido a un alto endemismo.

En Cuba existen varios tipos de vegetación que se encuentran bien representados como son las pluvisilvas, la vegetación sobre serpentinitas, de alturas, montañas cársicas y de humedales. Los dos últimos constituyen los principales componentes del paisaje en toda la región al norte de las provincias de Villa Clara, Sancti Spíritus y Ciego de Ávila.

2.2.3. - Vegetación sobre carso.

Cuba, presenta un predominio de las rocas carbonatadas, algo que ha influenciado notablemente en el paisaje, puesto que más del 60 % del territorio está ocupado por la presencia de calizas.

Los carsos cubanos se desarrollan principalmente en calizas, las cuales presentan condiciones muy favorables para su desarrollo y se caracterizan por una manifiesta riqueza morfológica.

Las alturas y montañas cársicas de Cuba se distribuyen mucho más reducidas y fragmentadas que las llanuras cársicas; sin embargo, por sus rasgos morfológicos y su variedad han constituido fenómenos naturales famosos en todo el planeta y aseguran que uno de los rasgos más conspicuos del carso tropical es la presencia de residuos o cerros cársicos, los cuales en Cuba, han recibido el nombre de mogotes. Nuñez Jiménez *et al.* (1984)

El clima tropical ha ejercido gran influencia sobre el desarrollo de los carsos, sin embargo, la intensidad y la tendencia del desarrollo de los procesos cársicos han sido modificados por muchos otros factores no climáticos, como la litología, los suelos y la vegetación, hasta un grado tal que en el archipiélago cubano bajo idénticas condiciones climáticas, se originaron y desarrollaron simultáneamente muchos tipos distintos de carso con características bien definidas. Núñez *et al.* (1989)

La cordillera septentrional de Villa Clara, Sancti Spíritus y Ciego de Ávila, formadas mayoritariamente por rocas carbonatadas, presentan pendientes en algunas de sus laderas de entre 10 ° y 30 °, las rocas calizas en estos lugares presentan un proceso muy fuerte de lavado, algo que provoca la presencia de carsolitos y afloramientos de lapiés que en determinados lugares se hacen muy marcados. El carso desarrollado en esta cordillera según Nuñez *et al.* (1984) es una variante del tipo morfológico de carso cupular.

Los bosques semideciduos y siempreverdes son fundamentalmente los tipos de vegetación que se desarrollan en las alturas y montañas cársicas en la nación, cuando está presente el complejo de vegetación de mogotes, incluye a estas y a la vegetación arbustiva de cimas y paredones. Capote y Berazaín, (1984); Gutiérrez *et al.* (1984); Bisse *et al.* (1984); Ricardo *et al.* (1987); Bisse, (1988) y Valdés - Lafont y Capote (1989) (citado por: Castañeda 1999).

Diversos autores como (Samek, 1973; Berazaín 1979; Bisse, 1988; Borhidi y Muñiz, 1986; Borhidi, 1987) (citado por: Castañeda 1999), tienen diversos criterios donde marcan diferencias y semejanzas entre las formaciones mogotiformes presentes en la zona occidental de Cuba con las presentes en el centro y en el oriente, como son:

- La vegetación es semejante pues se distribuye en forma de mosaico, que constituye un complejo de formaciones vegetales.
- Entre las diferencias, los mogotes occidentales constituyen áreas de mayor riqueza de especies y alto endemismo, donde la vegetación está dominada por elementos florísticos que la caracterizan y los mogotes centrales y orientales, presentan más elementos siempreverdes que a mayor altura se mezclan con elementos pluviales, abundantes epífitas, herbáceas higrófilas y suculentas.

Basados en los aspectos planteados anteriormente y en las diferencias florísticas y del relieve, con relación a los mogotes típicos de Pinar del Río, donde se distinguen las tres unidades fundamentales en el complejo de vegetación de mogotes, (la vegetación de la base, de paredones y de la cima), Bisse (1988), plantea un término nuevo para referirse a las pequeñas alturas, montañas cársicas y lomas mogotiformes. Este autor, teniendo en cuenta las características propias del área de estudio, coincide con lo expuesto por Bisse.

2.3.1-La flora sinantrópica cubana.

La cobertura vegetal original de Cuba se ha estimado entre 70 y 80 (95,0 %), hasta 1812 todavía existía el 90,0 % de bosques originales. Sin embargo, ya desde 1520 se inició el desmonte de los bosques. En 1900 se observa la drástica disminución de 54,0 % de cobertura, debido al intenso desarrollo de la ganadería y el cultivo de la caña de azúcar, esta dramática disminución alcanzó su máxima expresión en 1959, cuando llega al 14,0 %. En 1998, se estimó un 21,5 % de cobertura boscosa, reportado en el Estudio Nacional de Diversidad Biológica. Hasta el año 2003 se contaba con 23,4 % y en el 2007 existía 24,5 % de cobertura boscosa. Mercadet (2007)

Cuba se sitúa entre las naciones que mayor crecimiento mantiene de sus recursos forestales al tener cubierto actualmente el 24.7% del territorio nacional y proponerse llegar al 29,0 % en el año 2015. Mercadet (2007)

La flora sinantrópica no endémica, constituye la tercera parte de la flora cubana Ricardo *et al.* (1995), lo que es producto de la fuerte modificación del entorno natural que se inició en el siglo XVI con la colonización y la acelerada explotación de los bosques y la expansión agrícola. Según estos autores el concepto de especie sinantrópica se aplica a aquella que está relacionada y (o) interfiere en las actividades del hombre, ya sea indígena (incluye los endemismos) o introducida por él o por otras vías (biológicas y físicas). Castañeda (1999)

De acuerdo a que desde 1492, a partir de la fundación de las primeras villas cubanas, las potencias coloniales han sido las principales introductoras de especies alóctonas en Cuba, se pueden dividir las introducciones en tres vertientes:

1) la española o ibérica, que abarca desde principios del Siglo XVI hasta 1898;

2) la norteamericana, que va desde 1898 hasta 1961; y 3) la cubana, que se hizo sentir desde finales del Siglo XVIII hasta el presente.

La contribución por phydia alóctonos de la española durante 4 siglos, y de la norteamericana durante solo 61 años (con la burguesía cubana jugando el papel decisivo de importadora). Actualmente la flora sinantrópica alcanza un total de 1365 especies, pertenecientes a 16 phydia o unidades taxonómicas artificiales. Herrera (2007)

El autor coincide con lo planteado por los autores anteriores, por presentarse características similares en el área de estudio.

2.4. Investigaciones sobre flora y vegetación en la Provincia de Sancti Spíritus

En la provincia Sancti Spíritus, durante los últimos 20 años, se han obtenido resultados relevantes en el estudio e investigaciones realizadas sobre el tema, con una primera etapa de inventario general, que aportaron aspectos importantes al conocimiento científico de sus plantas. Entre los resultados más significativos están los inventarios florísticos de las áreas protegidas, y de buena parte de otras localidades del territorio.

Entre los estudios publicados con referencias a la flora y la vegetación de Sancti Spíritus se pueden citar: Chiappy *et al.* (1985), Valdés-Lafont y Capote (1989), Hernández-Muñoz y Acosta (1990), Moya *et al.* (1991), García-Lahera y Bécquer (2001), García- Lahera *et al.* (2007) y Hernández *et al.* (2023),

MATERIALES Y MÉTODOS

Descripción del área de investigación

La Sierra de Las Damas son unas elevaciones cársicas de poca altura, cubiertas por bosque semideciduo, que el río Zaza ha tallado, separándolas en dos bloques. Estas alturas pertenecientes al municipio Cabaiguán, provincia de Sancti Spíritus tiene una extensión de 120 hectáreas ,actualmente constituyen una reserva genética de muchas especies vegetales y faunísticas, en medio de una gran zona de producciones agrícolas y ganaderas altamente antropizada.

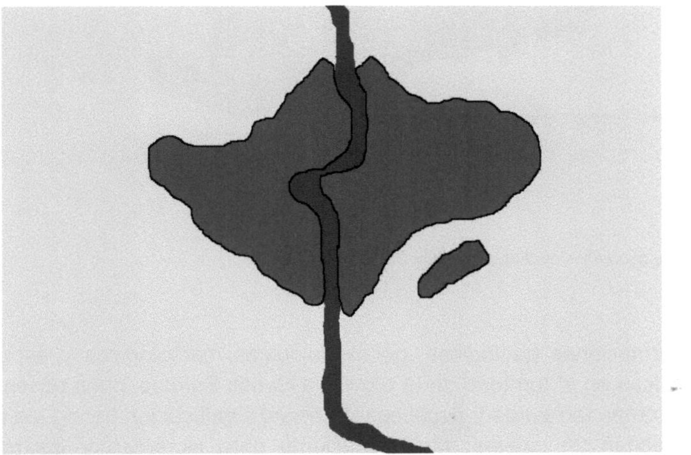

3.1- Generalidades y ubicación de la investigación

El Área Protegida Sierra de las Damas, es un conjunto de colinas calcáreas que se encuentran en la parte superior de la cuenca hidrográfica media del río Zaza, a 9 km y al norte - noreste del poblado de Guayos y a 12 km de la ciudad de Cabaiguán. Tiene una extensión territorial de 90 hectáreas, sin tener en cuenta el área ocupada por el cauce del río Zaza que la corta en dos unidades cársticas de 51,32 ha y 31,85 ha, ubicadas en los municipios de Cabaiguán y Taguasco respectivamente.

Ubicación geográfica del Área Protegida Sierra de las Damas.

Sus formaciones geológicas, geomorfológicas, carsológicas y espeleológicas son únicas en el territorio de la provincia Sancti Spíritus, pues poseen variados ecosistemas terrestres y acuáticos. Especial significación tienen los endémicos que habitan 25 cuevas, razón suficiente para incrementar las medidas de protección en el área.

En Sierra de las Damas, confluyen varias formaciones geológicas, aunque predominan las calizas biodetríticas y biógenas, las gravelitas, las areniscas calcáreas y los brechaconglomerados basales del Cretácico Superior (Maastrichtiano Superior), pertenecientes a la Formación Isabel. También, aparecen rocas de las formaciones geológicas Taguasco, Hilario y depósitos aluviales del Cuaternario; con lugares de gran interés paleontológico como la cueva del Mechero, donde se han encontrado restos de fauna fósil del Cuaternario (jutías extinguidas) y en las rocas de la Formación Isabel, aparecen fósiles de varios tipos de rudistas, animales marinos de ambientes litorales que vivieron en el Cretácico.

En esta Área Protegida, aparece un sitio arqueológico de importancia, con presencia de elementos de cerámica, en piedra tallada, compuesta por lascas de medianas a pequeñas dimensiones, acompañadas de una industria laminar de iguales proporciones. Las lascas se caracterizan por contener parte de la corteza del núcleo, del cual fueron desprendidas, por lo que la preparación de los núcleos debió ser poco frecuente.

Próximo a la Sierra de las Damas, se encuentra el histórico "Paso de Las Damas"; lugar donde cayera mortalmente herido el Mayor General Serafín Sánchez Valdivia en combate desigual y una cueva con entrada principal, frente a la loma El Cañón, lugar escogido como cuartel general durante la guerra de independencia, en 1896.

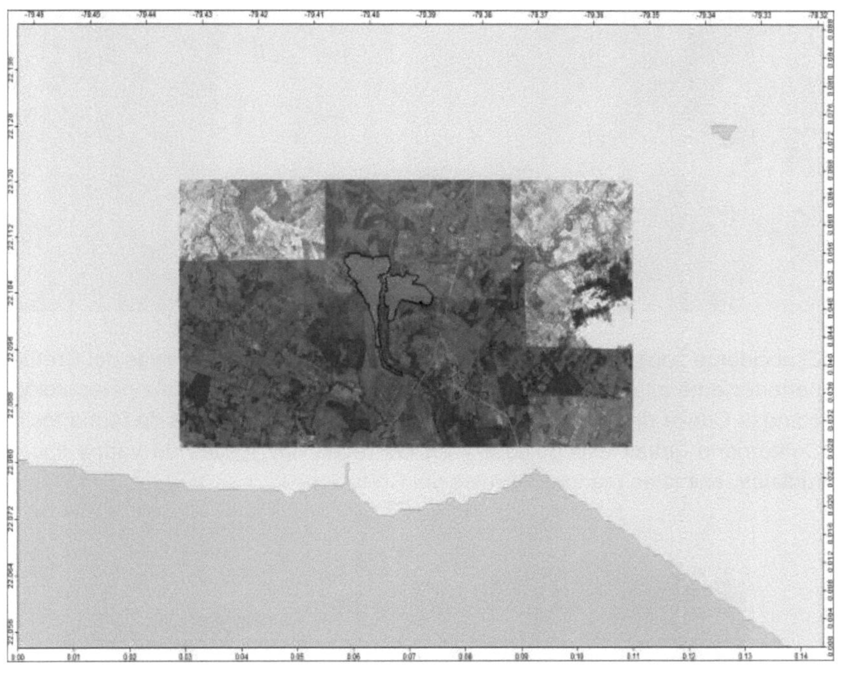

Foto satelital del área Sierra de Las Damas, con sus límites físicos. (Google Earth).

La Sierra de Las Damas, con una extensión de 76 ha, es un conjunto de elevaciones que se localizan en el municipio de Cabaiguán. Su altitud fluctúa entre los 50 y 131 metros sobre el nivel del mar.

Se trata de una colina tectónica, monte testigo, inselberg o cerro cárstico residual, con un desarrollo del carso donde se encuentran 23 cuevas vadosas de gran valor.

El accidente geográfico es un sitio conformado por calizas masivas del Cretácico perteneciente a la Formación Isabel, con lugares de gran interés paleontológico como la Cueva del Mechero, donde se han encontrado restos de fauna fósil del Cuaternario (jutías extinguidas) y en las rocas hay fósiles de varios tipos de rudistas, animales marinos litorales del Cretácico.

La sierra es cortada en dos mitades, aproximadamente iguales, por el río Zaza; el segundo en longitud del país, con enormes charcos y pocetas entre las rocas.

Sus formaciones geológicas, geomorfológicas, carstológicas y espeleológicas son únicas en el territorio, pues poseen variados ecosistemas terrestres y acuáticos, así como su flora y fauna; sin embargo este extraordinario lugar no cuenta con un sendero ecoturístico que capitalice el lugar y favorezca su desarrollo sostenible.

Situación problémica: caracterización del lugar objeto de estudio, debilidades, amenazas, fortalezas y oportunidades.

Se trata de un área natural excepcional que por los valores que atesora fue declarada en 1992 Sitio Natural por la Comisión Nacional de Monumentos y permaneció durante décadas sin protección real activa, siendo víctima de incendios, tala ilegal, caza furtiva, pastoreo irracional de ganado mayor, introducción de especies exóticas y todo tipo de acciones antrópicas negativas. En ocasiones se planteó por la Empresa Geominera del Centro la posible explotación, mediante la apertura de una cantera, de su piedra caliza para la construcción, lo que hubiera supuesto su degradación y pérdida total de sus valores.

En cambio desde 2016, la Empresa para la Protección de la Flora y la Fauna en la provincia decidió asumir su administración, época desde la cual se cuenta con una plantilla mínima y se realizan acciones de manejo. También el año pasado se construyó un ranchón para la atención del turismo que la visite.

Todavía hay tareas pendientes como son: la zonificación funcional y el Plan de Manejo Operativo, además se avizora la necesidad y posibilidad de crear y poner en explotación un sendero ecoturístico.

2.1 -Secuencia metodológica.

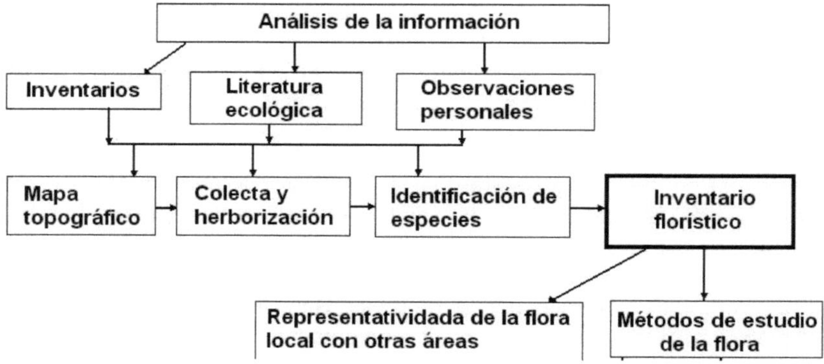

Figura 2. Esquema metodológico de la investigación.

Fuente: elaboración propia.

Metodología empleada

El trabajo se realizó con el objetivo de conocer la composición y estructura de la vegetación boscosa de Sierra de Las Damas, ubicada en el municipio de Cabaiguán, provincia deSancti Spíritus.

La herramienta más usada en las últimasdécadas para evaluar diversidad de especiesvegetales en Cuba han sido las listas de especies.Esta aproximación es útil si se pretendesaber rápidamente y con poco esfuerzo cuálesson las especies que habitan un lugar o cuálesson sus valores en términos de flora.
Para estudiar la flora se realizaron colectas a lo largo de un transepto o itinerario de censo de 1000 m de longitud por 20 m de ancho de banda, observando y colectando todo lo que se encontraba a ambos lados del itinerario de censo. Los ejemplares se determinaron de acuerdo a las obras de León (1946), León y Alain (1951, 1953, 1957), Alain (1964), Catasús (1997), Bässler (1998), Rodríguez (2000), Gutiérrez (2000, 2002), Albert (2005) y consultas de ejemplares del Herbario del Jardín Botánico de Sancti Spíritus (acrónimo JBSS), donde los materiales colectados fueron herborizados y procesados para suposterior depósito y conservación mediante procedimientos tradicionales. A partir de la

prospección florística se efectuó un análisis de predominio numérico de las especies presentes en el lugar.

La distribución el endemismo se definió según Borhidi (1976) y la descripción de la vegetación se hizo de manera general, considerando la clasificación de Capote y Berazaín (1984).

También se realizó un análisis fisionómico donde se levantaron 3parcelas de 100 m² (10m x 10m) con un área total de 300 m^2, distribuidas según el criterio de búsqueda de la máxima representación geográfica, biogeográfica, ecológica y estadística. Una en el centro de la plantación y las cuatro restantes hacia las zonas periféricas, evitando el ecotono. Se identificaron todas las especies, contándose por parcelas el número de individuos por especie, se determinó la estructura vertical, y horizontal del bosque.

La identificación botánica fue realizada preliminarmente en el campo y después confirmada con la literatura apropiada, contando con el apoyo del MSc. En Botánica Julio Pável García Lahera (González, *et al.*, 2016).

El muestreo se validó con el método de la curva área-especie y distancia, elaborada con el Software BioDiversity Pro versión 2.0. 1997 NHM & SAMS (Cantos, 2013).

Diversidad de especies (alfa)

Para evaluar las condiciones ecológicas y estimar la cantidad de especies, se determinó la diversidad alfa de las especies presentes en el área mediante la riqueza de especies, según Garibaldi (2008), y se determinó el índice de Simpson.

Análisis estructural de la vegetación

Estructura horizontal

Se determinaron los parámetros de la estructura horizontal a través del cálculo de: abundancia relativa, frecuencia relativa y dominancia relativa (Moreno, 2001), así como el Índice Valor de Importancia Ecológica de las especies, IVIE (Boscopé& Jorgensen, 2005), determinándose a través de la siguiente ecuación:

IVIE = abundancia relativa + dominancia relativa + frecuencia relativa

Se evaluaron las características fisionómicas de la vegetación mediante la escala de Raunkier, calculándose: tamaño de la hoja, textura de la hoja, grado deespinescencia y tipos biológicos de las plantas estudiadas (Berazaín y Reinés, 1987).

RESULTADOS Y DISCUSIÓN

Representatividad estadística del muestreo

La tabla de representatividad, la gráfica especie - área y observado-esperado en la Figura 1, tiene tendencia a alcanzar el punto de inflexión o estabilización a los 500m (5 000m^2 de los 10 000m^2 muestreados), donde la curva tuvo su punto de inflexión, haciéndose asintótica; lo que permite inferir que el muestreo realizado para la caracterización de la vegetación del área quedó validado. También las tres parcelas fueron representativas de la diversidad de especies en los fragmentos de bosque analizados, coincidiendo con lo planteado por Rodríguez (2015), al explicar que para cálculos de diversidad es conveniente utilizar curvas de especie – área (figura 1).

REPRESENTATIVIDAD ESTADÍSTICA DE LOS MUESTREOS	
Universo muestral	70 000 m²
Población	50 000 m²
Transepto	10000 m²(50% de la población)
Tamaño de muestra asintótica	5 000 m²

A

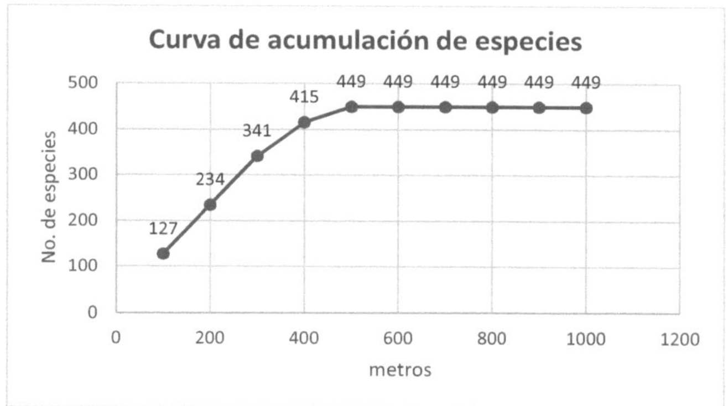

B

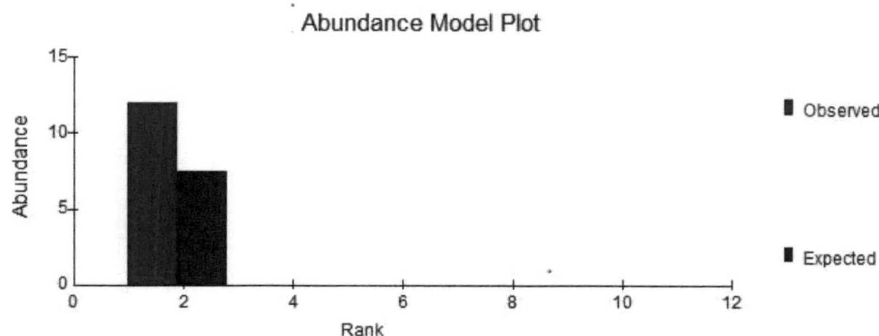

C

Figura 1. Gráfica del colector del muestreo realizado en las áreas boscosas objetc de estudio (A, B y C).

Así mismo existe correspondencia con lo expresado por Mitjans (2012), quien plantea que, en un bosque por el cual transitan muchas personas y existe presencia de perturbaciones antrópicas y naturales, lógicamente aparecerán nuevas especies con el trascurso del tiempo o se perderán algunas de las presentes.

Descripción de las formaciones vegetales

Las unidades de vegetación objeto de estudio fueron las de bosque semideciduo micrófilo sobre roca caliza, bosque semideciduo mesófilo y bosque de galería.

Bosque semideciduo micrófilo. Formación vegetal compuesta por árboles de hojas de aproximadamente de 1-6 cm de longitud. Con dos estratos arbóreos de 8-10 y de 12-15 m respectivamente; con árboles deciduos micrófilos, muchas veces espinosos; con palmas.

Entre las especies que se destacan en esta formación, tenemos: *Brya evenus, Bursera simaruba, Casearia aculeata, Erythroxylon spp., Ficus spp., Malphigia spp., Mastichodendron foetidiscimun, Pithecellobium arboreum, P. lentiscifolium, Spondias mombin, Tabebuia microphylla y Zanthoxylum sp.*

Vegetación especializada que crece sobre sobre las zonas más escarpadas de roca caliza

Bosque semideciduo mesófilo. Con presencia de elementos caducifolios del 40 al 60%, generalmente en el estrato arbóreo superior; presenta arbustos y herbáceas escasas; poco desarrollo de epífitas y abundancia de lianas, con árboles de hojas de aproximadamente 13-26 cm de longitud. Con dos estratos arbóreos, el superior de 15-20 hasta 25 m, formado mayormente por árboles deciduos, pueden presentarse emergentes y palmas de más de 25 m de altura. En el estrato arbóreo inferior se encuentran árboles deciduos y siempreverdes esclerófilos.

Bosque Semideciduo

Entre los árboles hay *Guazuma ulmifolia* (guásima), Roystonea regia (palma real), *Bursera simaruba* (baría) *Calophyllum antillanum* (ocuje), *Hibiscus elatus* (majagua) y *Cecropia peltata* (yagruma). Los arbustos más frecuentes son varias especies de los géneros *Byrsonima* (peralejo), *Rondeletia* y *Erytroxylon*. Mientras que en lugares pedregosos y abiertos habitan suculentas del género *Agave*. Hay lianas y epífitas xeromorfas.

Bosque de galería. Con un estrato arbóreo de 15-20 m; un estrato arbustivo; hierbas, lianas y epífitas. Condicionado a la orilla del río Zaza; formado por las especies más heliófilas de la vegetación circundante, entre ellas palmas.

Observese como la vegetación riparia original o Bosque de Galería, ha sido sustituído por el Matorral Secundario, ocupado por varias especies exóticas

Algunas especies muy comunes son: *Callophyllum antillanum, C. rivulare, Lonchocarpus dominguensis, Roystonea regia* y *Tabebuia angustata*.

Composición florística

En el inventario realizado en los bosques de Sierra Las Damas, incluyendo la regeneración natural, se identificaron representantes de 449 especies y 312 géneros pertenecientes a 94 familias (tabla 1).

Tabla 1. Composición taxonómica de la flora de Sierra de Las Damas.

TAXÓNES	No.
Familias	94
Géneros	312
Especies	449

Contenidas en estos totales generales se detectaron representantes de cuatro familias, 10 géneros y 16 especies de Helechos. También 15 especies, un género y una familia de Gimnospermas. Además 418 especies, de 301 géneros y 89 familias de Angiospermas.

Endemismo

En los bosques de Sierra de Las Damas se observaron 41 especies endémicas pancubanas, que pertenecen a 38 géneros y éstos a su vez a 29 familias botánicas. También cuatro amenazadas de extinción y en las siguientes categorías: dos En Peligro (*Pouteria dictyoneura* (Griseb) Radlk) y (*Pilosocereus robinii* (Lem.) Bly. et Rowl.*)*, una Vulnerable *(Terminalia eriostachya* A. Rich.*)*, y otra Amenazada *(Guettarda urbanii* Ekm. ex Urb) (.anexo 1).

Población de Maguey, *Agave sp.*, especie endémica muy abundante en los sectores más escarpados de la Sierra de las Damas

1- Chascotheca neopeltandra, especie endémica
2- Capparis grisebachii

Análisis de Predominancia

Acorde con el porciento de predominancia numérica (fig. 2), se puede afirmar, que en el lugar predominan: el ocuje *(Callophyllum antillanum)*, la guásima *(Guazuma ulmifolia)*, las bromeliáceas; y finalmente los helechos heliófilos.

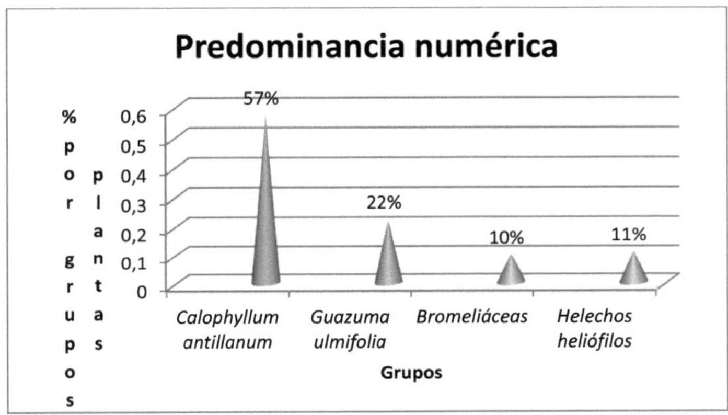

Figura 2. Porcentajes de predominancia numérica de las plantas del área de estudio.

Las familias mejor representadas en cuanto a la riqueza de especies en el área estudiada fueron: *Fabaceae* que fue la más rica en especies con 26, *Euphorbiaceae* con 20 especies, *Orquidaceae* y *Rubiaceae* con 18 respectivamente, *Asteraceae* 15, *Mimosaceae* 13, *Bromeliacea*12 especies, seguida de las familias *Boraginaceae*(12) y *Bignonaceae* (10) (Figura 3).

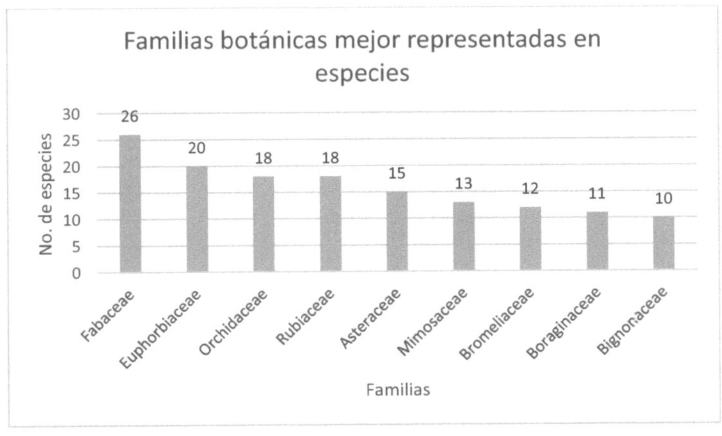

Figura 3. Familias botánicas con mayor riqueza de especies en el sector boscoso estudiado.

Dentro de las familias menos representadas se encuentran: *Malvaceae, Meliaceae, Burseraceae, Cecropiaceae, Moraceae, Myrtaceae, Rubiaceae,Poaceae, Sapotaceae y Verbenaceae*, todas ellas con pocas especies, aunque algunas con gran cantidad de ejemplares. Estos resultados coinciden en la gran mayoría de las familias a las reportadas por Chala & Rodríguez (2016), en el estudio sobre los factores que influyen en la estructura y composición del bosque de galería del río Cauto.

Índices ecológicos

La diversidad encontrada en las áreas boscosas (Tabla 3) muestra que la diversidad de especies es alta, considerándole una dominancia alta, reafirmando los resultados obtenidos.

Tabla 3. Diversidad biológica del bosque.

Indicadores	Valores
Riqueza de especies	449
Shannon Hmax	2.03
Shannon J'	0,95

Al aplicar los índices ecológicos más generales para calcular la alfa diversidad biológica de la fitocenosis, se comprobó que la diversidad de Shannon es elevada para las tres parcelas y más aún para toda la comunidad vegetal muestreada alcanzando la cifra de H'=2,0351. Mientras que la equitatividad se comportó de manera elevada y estable para las unidades de muestreo y de manera general para todo el bosque al mostrar un valor de J'=0,9542, que permite afirmar que los individuos de las diferentes especies que integran la comunidad se distribuyen equitativamente (tabla 4).

Tabla 4. Valores para los índices ecológicos más generales en los bosques presentes en Sierra de Las Damas.

Index	BSMicro	BSMes	BG
Shannon H' Log Base 10	2,041	1,950	2,036
Shannon J'	0,964	0,950	0,984

Mientras que al realizar el análisis del índice de Alfa-diversidad también se observa la obtención de cifras elevadas que demuestran que la comunidad de plantas analizada es madura por lo que muestra valores bastante establese interesantes (tabla 5).

Tabla 5. Valores de alfa-diversidad para las comunidades de plantas presentes en áreas boscosas de Sierra de Las Damas.

Index	BSDmic	BSDmes	BG
Alpha	11,408	19,675	12,498

Se confirmó en el sector del bosque estudiado, que las especies de mayor importancia ecológica (Fig. 4), *Calophyllum antillanum*(51,24%) por su dominancia relativa(DR), frecuencia Relativa (FR) y abundancia Relativa (AR), en segundo y tercer lugar *Guazuma ulmifolia* (27,86%) y *Hibiscus elatus*(20,93%) respectivamente, por la abundancia y dominancia, que son especies típicas de estas formaciones boscosas antrópicas.

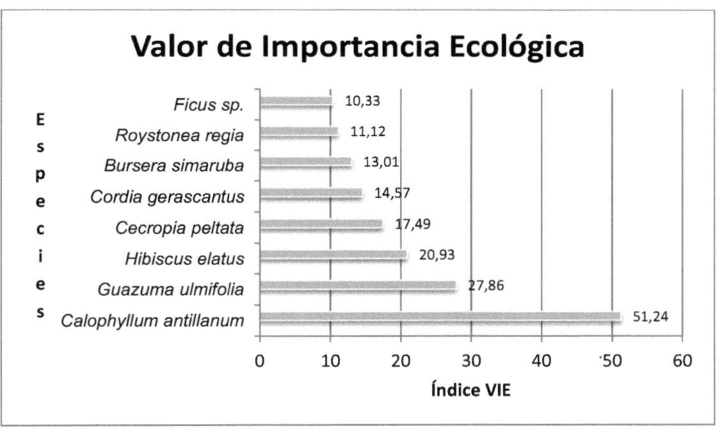

Figura 4. Valores de Importancia Ecológica de las ocho especies más importantes de los bosques de Sierra de Las Damas.

Análisis fisionómico de la vegetación

Está documentado que entre los seres vivos que habitan en determinado ecosistema, el aspecto o fisionomía que presenta el conjunto de las plantas (la vegetación), es la que refleja de manera más evidente las características abióticas (climáticas); por esto, con un breve análisis de determinados caracteres morfológicos de la misma se logra inferir algunos rasgos fundamentales del hábitat.

El primer resultado obtenido fue el de análisis del tamaño de las hojas, procedimiento mediante el cual se pudo conocer que al nivel de toda la superficie de muestreo utilizada predominaron numéricamente las hojas notófilas, seguidamente se observan las hojas micrófilas y mesófilas, a continuación las macrófilas, y en último lugar las leptófilas, que estuvieron muy poco representadas en la fitocenosis (fig. 5). En el área de estudio detectamos muy pocas megáfilas.

Lo antes expuesto permite afirmar que como las hojas pequeñas y medianas son las que abundan, pues indican una baja tasa de transpiración de las plantas que desarrollan su ciclo vital en el ambiente seco del carso desnudo.

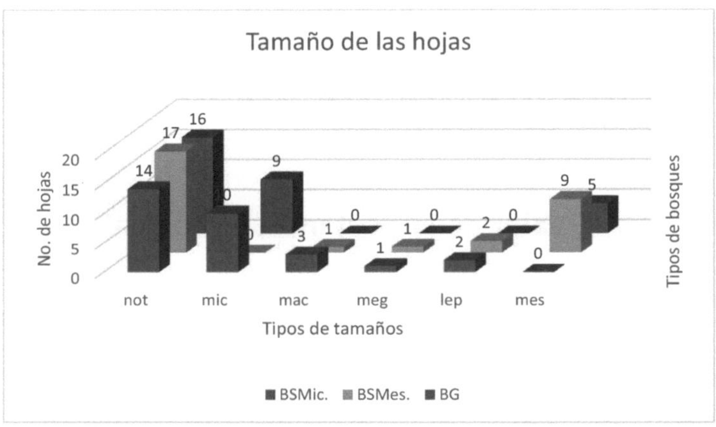

Figura 5. Gráfica que muestra el tamaño de las hojas delos bosquespresentes en Sierra de Las Damas (N=60).

De la evaluación de la textura de las hojas se pudo saber, al nivel delos bosques, las hojas que dominaron en número fueron las cartáfilas (hojas con textura de cartulina y delgadas), después las membranosas y las coriáceas. En cambio las suculentas son pocas y las esclerófilas son más escasas. Las hojas suaves y delgadas permiten una mayor transpiración y son representativas de lugares húmedos, mientras que las coriáceas, las suculentas y las esclerófilas son propias de lugares secos como el que nos ocupa (fig.6).

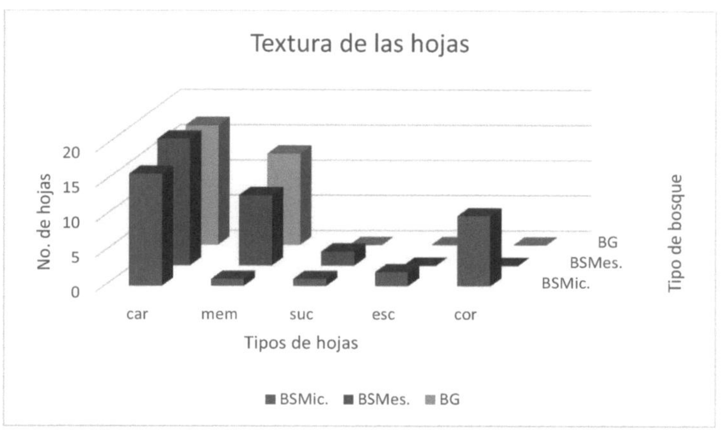

Figura 6. Expone la textura de las hojas al nivel de todos los bosques (N=60).

Respecto a los Tipos Biológicos cabe decir que al nivel del bosque semideciduo micrófilo sobre carso desnudo, predominan los fanerófitos árboles (Fa), le siguen los fanerófitos arbustos(Fab), después los fanerófitos epífitos (Fe) y los fanerófitos suculentos (Fs) (fig. 7).

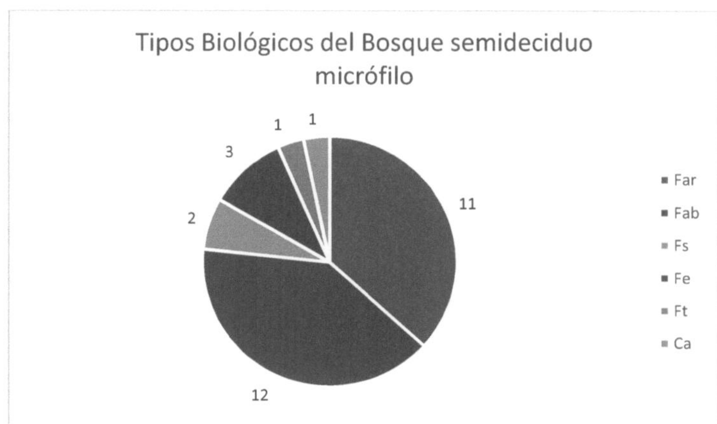

Fig. 7 Tipos Biológicos del Bosque semideciduo micrófilo de Sierra Las Damas.

En cambio en el Bosque semideciduo mesófilo, los Tipos Biológicos se mostraron de forma muy diferente, pues solo se muestran tres tipos, con amplio predominio numérico de fanerófitos arbustos y fanerófitos árboles casi en igual proporción y por último los camáfitos (fig. 8).

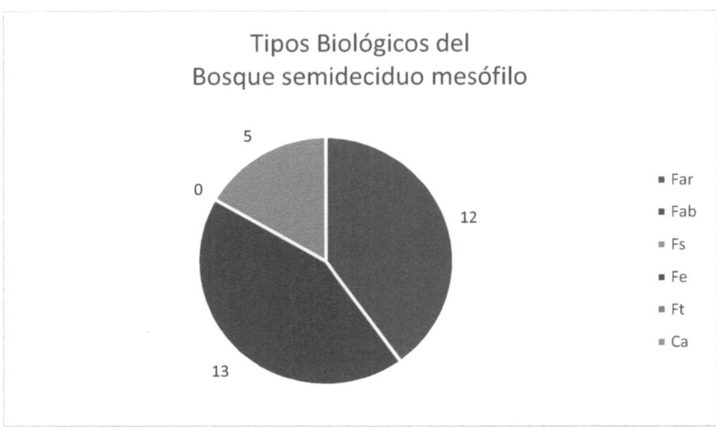

Fig. 8 Tipos Biológicos presentes en el Bosque semideciduo mesófilo de Sierra Las Damas.

Mientras que los Tipos Biológicos del Bosque de galería que se desarrolla por ambas riberas del río Zaza a su paso por Sierra de Las Damas son aún más sencillos, pues solo se observan dos variantes, donde predominan numéricamente los fanerófitos árboles y después le siguen los fanerófitos arbustos, notándose la ausencia de otras tipologías, pues al parecer el efecto de lavado frecuente que ejercen las crecidas del río no permiten el desarrollo de los restantes (fig. 9).

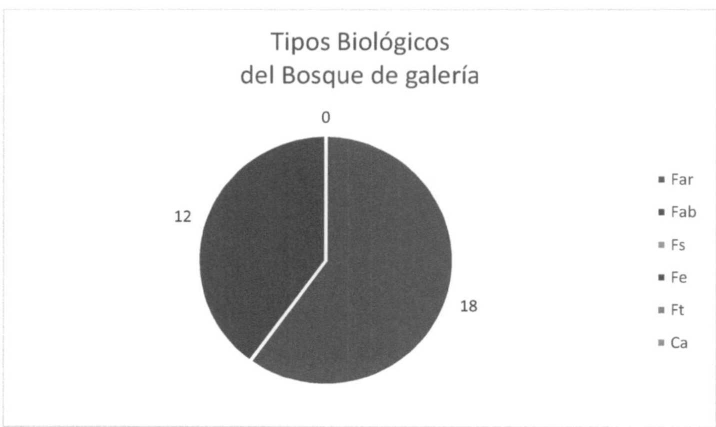

Figura 9. Tipos Biológicos presentes en el Bosque de galería de Sierra Las Damas.

Al sumar todas las variantes para las tres fitocenosis que conforman las áreas boscosas que dan cobertura vegetal a la Sierra de Las Damas se observa un comportamiento interesante de esta variable fisionómica, ya que se expresan las seis variantes9 tipológicas, donde predominan ampliamente las fanerófitas árboles y después las arbustivas; por su parte, a continuación las caméfitas, después las fanerófitas epífitas y suculentas, finalmente las fanerófitas trepadoras (fig. 10).

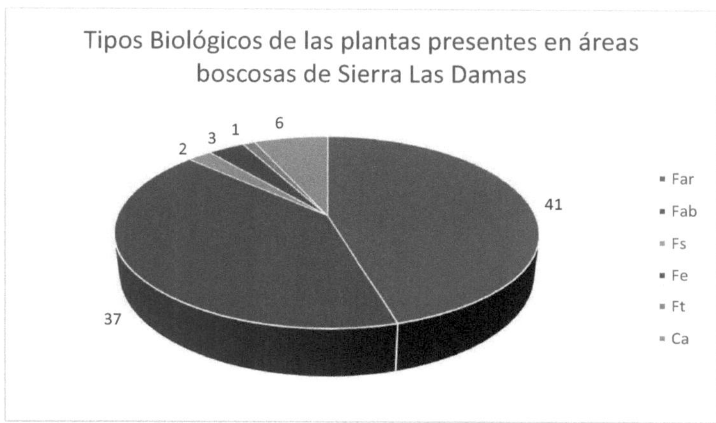

Figura 10. Tipos Biológicos presentes en áreas boscosas de Sierra de Las Damas (N=60).

La abundancia de fanerófitas árboles, trepadoras y epífitas indica un clima húmedo, favorable al desarrollo de plantas corpulentas y de otras que aprovechan las mínimas oportunidades que le ofrecen los diversos nichos estructurales que presenta un bosque que debiera ser muy homogéneo, pero debido a su existencia en una región húmeda y crecer sobre suelo pobre se convierte en estructuralmente complejo.

Relacionado con los tipos de adaptación morfoecológica hay que plantear, que 19 especies de las plantas que integran las áreas boscosas de Sierra de Las Damas presentan microfilia (hojas reducidas para proteger los vegetales de la desecación), unas11 especies poseen espinas (otro mecanismo de defensa ante la sequía ambiental y las bajas temperaturas), un 3 tienen hojas suculentas (permiten el almacenamiento de agua) y 12 poseen foliolos duros (como respuesta adaptativa para protegerse de la tensión hídrica (fig. 11).

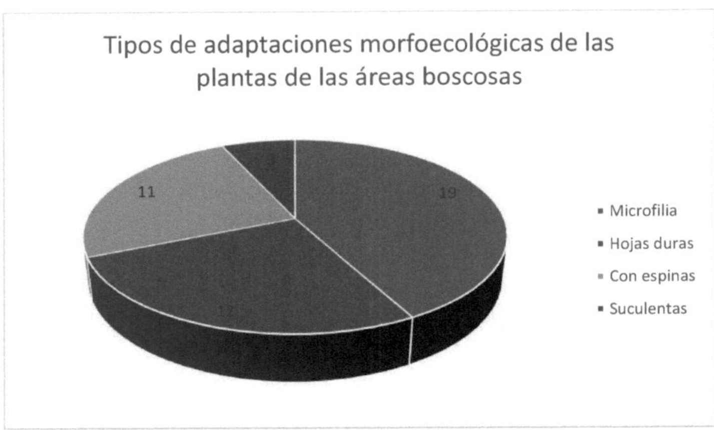

Figura 11. Tipos de adaptaciones morfoecológicas presentes en las parcelas delas áreas boscosas de Sierra Las Damas.

Teniendo en cuenta las variadas adaptaciones morfoecológicas detectadas en las áreas boscosas de Sierra de Las Damas, se infiere, que se trata de una formación vegetal boscosa que aunque se desarrolla en una zona de clima húmedo, como tiene desarrollo sobre carso desnudo, dicha fitocenosis, por tanto que se trata de un bosque que goza de una elevada humedad relativa ambiental pero la fitocenosis que se desarrolla sobre lenar desnudo, propia de lugares secos, hace que se descubra como una comunidad xerófila.

Perfiles de vegetación obtenidos por cada una de las fitocenosis

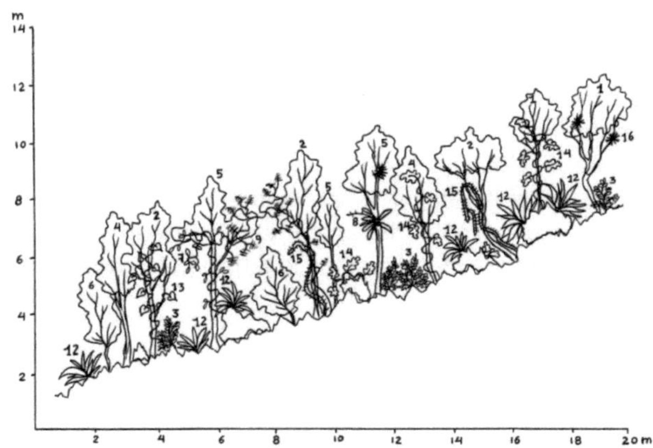

Figura 12. Perfil de Vegetación, Bosque semideciduo micrófilo en una de las cimas de la zona central del área.

Especies presentes: *1. Cytarexilum fruticosum*, 2. *Hebestigma cubense*, 3. *Erythroxylum havanens*, 4. *Celtis trinervia*, 5. *Gerascanthus gerascanthoides*, 6. *Guapira discolor*, 7. *Celtis iguanea*, 8. *Encyclia fucata*, 9. *Acacia tenuifolia*, 10. *Capparis flexuosa*, 11. *Rivina humilis*, 12. *Agave legrelliana*, *13. Philodendron lacerum*, 14. *Philodendron consanguineum*, *15. Selenicereus grandiflorus.*

Figura 13. Perfil de Vegetación, Bosque Semideciduo Mesófilo, en una de las laderas hacia el extremo oeste del área.

Especies presentes: *1. Poeppigia procera, 2. Guazuma ulmifolia*, 3. *Cordia collococca*, 4. *Tabernaemontana sp.*, 5. *Tabernaemontana ambliocarpa*, 6. *Trichilia hirta*, *7. Trichilia glabra*, 8. *Hebestigma cubense*, 9. *Cecropia schreberiana*, 10. *Ateleia apetala* , 11. *Cytarexilum fruticosum*, 12. *Metopiun toxiferum*, 13. *Celtis trinervia*, 14. *Adelia ricinella*, 15. *Erythroxylum havanens*, 16. *Picramnia pentandra*, 17. *Trichostigma octandrum*, 18. *Acacia tenuifolia*, 19. *Guarea guidonia*, 20. *Tillandsia valenzuelana*, 21. *Olyra latifolia.*

Figura 14 Perfil de Vegetación del Bosque de galería que cubre la ribera del río Zaza.

Especies presentes: 1. *Roystonea regia,* 2. *Cytarexilum fruticosum,* 3. *Callophylum antillanum,* 4. *Lonchocarpus pentaphyllus,* 5. *Ateleia apétala,* 6. *Acrosticum sp.,* 7. *Ficus sp.,* 8. *Cecropia schreberiana,* 9. *Guarea guidonia,* 10. *Samanea saman,* 11. *Zanthoxylum elephantiasis,* 12. *Dendropanax arboreus,* 13. *Pisonia aculeata,* 14. *Picramnia pentandra,* 15. *Oxandra lanceolata,* 16. *Metopiun toxiferum,* 17. *Erythroxylum havanense,* 18. *Bursera simaruba,* 19. *Panicum aquaticum, 20. Acacia tenuifolia.*

A manera de resumen

La riqueza de especies de la flora en el sector estudiado es alta, representada por 446 especies, 312 géneros pertenecientes a 94 familias. Las familias más diversas fueron *Bromeliaceae, Polypodiaceae, Mimosaceae, Orchidaceae, y Fabaceae*.

En los bosques de Sierra de Las Damas se observaron 41 especies endémicas pancubanas, que pertenecen a 38 géneros y éstos a su vez a 29 familias botánicas. También tres amenazadas de extinción y en las siguientes categorías: dos En Peligro (*Pouteria dictyoneura* (Griseb) Radlk) y (*Pilosocereus robinii* (Lem.) Bly. et Rowl.*)*, una Vulnerable*(Terminalia eriostachya* A. Rich.*)*, y otra Amenazada*(Guettarda urbanii* Ekm. ex Urb).

Acorde con el porciento de predominancia numérica, se puede afirmar, que en el lugar predominan: el ocuje *(Callophyllum antillanum)*, la guásima *(Guazuma ulmifolia)*, las bromeliáceas; y finalmente los helechos heliófilos.

Las familias mejor representadas en cuanto a la riqueza de especies en el área estudiada fueron: *Fabaceae*que fue la más rica en especies con 26,

Euphorbiaceae con 20 especies, *Orquidaceae* y *Rubiaceae* con 18 respectivamente, *Asteraceae* 15, *Mimosaceae* 13, *Bromeliacea*12 especies, seguida de las familias *Boraginaceae*(12) y *Bignonaceae* (10)

En la vegetación estudiada predominaron los caracteres fisionómicos (tamaño de la hoja, tipo de hoja y tipos biológicos) que las definen como: una fitocenosis xerófita, otra mesófita y la última higrófita.

Relacionado con los tipos de adaptación morfoecológica hay que plantear, que el 60% de las plantas que integran el pinar presentan microfilia, un 25% posee espinas, un 7% tienen hojas suculentas y el 6% foliolos duros, todas éstas como respuesta adaptativa para protegerse de la tensión hídrica.

La diversidad encontrada en las áreas boscosas muestra que la diversidad de especies es alta, considerándole una dominancia alta, reafirmando los resultados obtenidos de que se trata de bosques maduros y estructuralmente complejos, con varios estratos de vegetación.

Relacionado con los tipos de adaptación morfoecológica hay que plantear, que 19 especies de las plantas que integran las áreas boscosas de Sierra de Las Damas presentan microfilia (hojas reducidas para proteger los vegetales de la desecación), unas11 especies poseen espinas (otro mecanismo de defensa ante la sequía ambiental y las bajas temperaturas), un 3 tienen hojas suculentas (permiten el almacenamiento de agua) y 12 poseen foliolos duros (como respuesta adaptativa para protegerse de la tensión hídrica.

Se puede resumir de manera general que la flora y vegetación de Sierra de Las Damas es muy valiosa e interesante y aporta considerables capacidades refugiales y alimentarias a la fauna de este elemento natural destacado.

CONCLUSIONES

La riqueza de especies de la flora en el sector estudiado es alta, representada por 446 especies, 312 géneros pertenecientes a 94 familias. Las familias más diversas fueron *Bromeliaceae, Polypodiaceae, Mimosaceae, Orchidaceae, y Fabaceae*.

En los bosques de Sierra de Las Damas se observaron 41 especies endémicas pancubanas, que pertenecen a 38 géneros y éstos a su vez a 29 familias botánicas. También tres amenazadas de extinción y en las siguientes categorías: dos En Peligro (*Pouteria dictyoneura* (Griseb) Radlk) y (*Pilosocereus robinii* (Lem.) Bly. et Rowl.*)*, una Vulnerable*(Terminalia eriostachya* A. Rich.*)*, y otra Amenazada*(Guettarda urbanii* Ekm. ex Urb).
Acorde con el porciento de predominancia numérica, se puede afirmar, que en el lugar predominan: el ocuje *(Callophyllum antillanum)*, la guásima *(Guazuma ulmifolia)*, las bromeliáceas; y finalmente los helechos heliófilos.

Las familias mejor representadas en cuanto a la riqueza de especies en el área estudiada fueron: *Fabaceae*que fue la más rica en especies con 26, *Euphorbiaceae* con 20 especies, *Orquidaceae* y *Rubiaceae* con 18 respectivamente, *Asteraceae* 15, *Mimosaceae* 13, *Bromeliacea*12 especies, seguida de las familias *Boraginaceae*(12) y *Bignonaceae* (10)

En la vegetación estudiada predominaron los caracteres fisionómicos (tamaño de la hoja, tipo de hoja y tipos biológicos) que las definen como: una fitocenosis xerófita, otra mesófita y la última higrófita.

La diversidad encontrada en las áreas boscosas muestra que la diversidad de especies es alta, considerándole una dominancia alta, reafirmando los resultados obtenidos de que se trata de bosques maduros y estructuralmente complejos, con varios estratos de vegetación.

Relacionado con los tipos de adaptación morfoecológica hay que plantear, que 19 especies de las plantas que integran las áreas boscosas de Sierra de Las Damas presentan microfilia (hojas reducidas para proteger los vegetales de la desecación), unas11 especies poseen espinas (otro mecanismo de defensa ante la sequía ambiental y las bajas temperaturas), un 3 tienen hojas suculentas (permiten el almacenamiento de agua) y 12 poseen foliolos duros (como respuesta adaptativa para protegerse de la tensión hídrica.

REFERENCIAS BIBLIOGRÁFICAS

Acevedo, P., 1991. *Flora of the Greater Antilles Newsletter*. Number 1, May.

Alain, Hno., 1964. *Flora de Cuba*. Tomo V. Asoc. Est. Cien. Biol. La Habana, 363 pp.

Alain, Hno. 1974. *Flora de Cuba*. Suplemento. Instituto Cubano del Libro. La Habana, 150 pp.

Albert, D., 2005. Meliaceae: (ed.) *'Flora de la República de Cuba. Serie A, PlantasVasculares*. Fascículo 10 (5). 44 pp.Koenigstein: KoeltzScientificBooks. Alemania. ISBN 3-906166-30-9.

Álvarez, P. y J. C. Varona. 2006. *Silvicultura*. La Habana: Editorial Félix Varela, La Habana, 354 pp.

Ávila, J. *et al.* 1979. *Ecología y Silvicultura*. Ed. Pueblo y Educación. La Habana, 437 pp.

Armenteras, D., González, T. M., Retana, J., & Espelta, J. M. 2016. *Degradación de bosques en Latinoamérica: Síntesis conceptual, metodologías de evaluación y casos de estudio nacionales.* IBERO-REDD+.

Bässler, M., 1998. Mimosaceae: (ed.) *Flora de la República de Cuba Serie A, Plantas Vasculares.* Fascículo 2. 202 pp. Koenigstein: KoeltzScientificBooks. Alemania. ISBN 3-87429-408-0.

Berazaín, R. 1982. *Fitogeografía.* Facultad de Biología. Universidad de La Habana, 313 pp.

Berazaín, R. & M. Reinés (1987). *Manual de Prácticas de Laboratorio de Ecología General.* Editorial Pueblo y Educación. La Habana, 64 pp.

Borhidi, A., 1991. *Phytogeografic and Vegetation Ecology of Cuba.* AkadémiaiKiadó, Budapest. 857 pp.

Borhidi, A. y O. Muñiz, 1986. *The phytogeographic survey of Cuba II.* Floristic, relantionships and phytogeographic subdivision. *ActaBotanica Hungarica***32**(1-4):3-48.

Boscopé, F. y P. Jorgensen (2005). Caracterización de un bosque montano húmedo: Yungas, La Paz. *Ecología en Bolivia, 40(3)*, 365-379.

Capote, R. P. y R. Berazaín, 1984. Clasificación de las Formaciones Vegetales de Cuba. *Rev. Jard. Bot. Nac.,* **5**(2):27-75.

Catasús, L., 1997. Las gramíneas (Poaceae) de Cuba I. *Fontqueria*XLVI. 259 pp.

Chiappy, C., L. Montes, P. Herrera, L. Íñiguez y A. González. 1985. Algunos aspectos de la flora y vegetación de Cayo Caguanes, provincia Sancti Spíritus, Cuba. Memorias de I Simposio de Botánica, t. III. La Habana, pp. 60-98.

Colectivo de autores. 2011. *Bosques de Cuba.* Editorial Científico-Técnica. La Habana, 192 pp.

Colectivo de autores. 2012. *Experiencias en la protección de la biodiversidad y el desarrollo sostenible en la Provincia de Sancti Spíritus.* Editorial AMA. La Habana, 166 pp.

Chala Arias, K., & Figueredo Figueredo, A. L. (2020). Caracterización de la flora de un sector del bosque de galería del río Yara. *Revista Científica Agroecosistemas*, 8(1), 59-63.

Del Risco, E. (1995): *Los bosques de Cuba. Su historia y características.* Edit. Científico-Técnica. La Habana. 96 pp.

Del Risco, E. (Inédito): *Metodología para la tipificación de los bosques cubanos.* IIF. 29 pp.

Del Risco, E. y M. González (inédito): *Tipología de los pinares de Cajálbana, Pinar del Río.* IIF: 10 pp.

Del Risco, E. y O. J. Reyes (Inédito): *Tipología de los pinares de Pinus cubensis Griseb.y algunas recomendaciones silvícolas para su manejo***.** IIF: 68 pp.

Elenevki, A., I. E. Méndez, R. Trujillo, V. Martínez y R. del Risco, 1988. Inventario florístico de Cayo Sabinal. *Rev.Jardín Bot. Nac.*, **9**(2):51-63.

García-Lahera, J. P. y E. R. Bécquer. 2001. Flora y vegetación de una localidad cársica de la reserva ecológica Lomas de Banao. *Rev. Jard. Bot. Nac.,* 22 (1): 49-65.

García-Lahera, J. P., A. Domínguez y B. Pérez-Silva. 2007. Flora y vegetación del Parque Nacional Caguanes, Sancti Spíritus, Cuba. *Brenesia,* 67: 9-24.

Gómez de la Maza, M. &. Roig J.T., 1914. *Flora de Cuba* (datos para su estudio). *Bol. Estac. Exp. Agron.* Santiago de las Vegas, **22.**

Gutiérrez, J., 2000. "Flacourtiaceae: (ed.) Flora de la República de Cuba. Serie A", *Plantas Vasculares.* Fascículo 5 (1). 76pp. Koenigstein: KoeltzScientificBooks. Alemania. ISBN 3-904144-28-6, 2002. "Sapotaceae: (ed.) Flora de la República de Cuba. Serie A", *PlantasVasculares.* Fascículo 6(4). 59 pp. Koenigstein: KoeltzScientificBooks. Alemania. ISBN 3-904144-86-3.

González Izquierdo, E. 2006. *Tipología Forestal.* Universidad de Pinar del Río Hermanos Saíz Montesdeoca. Facultad Forestal y Agronomía. Departamento Forestal. Pinar del Río, 166 pp.

González Torres, L. R., Palmarola, A., González Oliva, L., Bécquer, E.R., Testé, E., & Barrios, D. (2016). Lista roja de la flora de Cuba. *Bissea*, 10(1).

Hernández-Muñoz, A. 1988. *Valoración ecológica de la Sierra Las Damas, para declararla área protegida.* Universidad de La Habana, Facultad de Biología. Trabajo de Diploma (inédito).

Hernández-Muñoz, A. y E. Acosta. 1989. Caracterización ecológica de Los Cayos de Piedra, Archipiélago de Sabana-Camagüey, Cuba. *Compilación sobre innovaciones y racionalizaciones de las BTJ-ANIR.* Centro Multisectorial de Información Científico-Técnica, Sancti Spíritus, Cuba.

Hernández Muñoz, A. *et al.* 2023. *Flora y vegetación del bosque de galería del Jardín Botánico de Sancti Spíritus, Cuba*. Editorial Académica Española, pp.

León, Hno., 1946. "Flora de Cuba 1. Gimnospermas.Monocotiledóneas. *Contr. Ocas. Mus. Hist. Nat. Colegio"De La Salle"*, **8.**

León, Hno. & Alain, Hno., 1951. Flora de Cuba. *Contr. Ocas. Mus. Hist.Nat. Colegio "De La Salle"*, **10**.

Mitjans, B. (2012). *Rehabilitación del bosque de ribera del río Cuyaguateje, en su curso medio.* Estrategia participativa para su implementación. (Tesis doctoral). Universidad de Pinar del Río "Hermanos Saíz Montes de Oca".

Moreno, C. E. (2001). Métodos para medir la biodiversidad. *M & T-Manuales y Tesis SEA.*

Moya, C. E., A. T. Leiva, J. L. Valdés, J. Martínez-Fortún y A. Hernández-Muñoz. 1991. *Gaussia spirituana* Moya et Leiva, sp. Nov.: una nueva palma de Cuba Central. *Rev. Jard. Bot. Nac,* 12: 15-20.

Rodríguez, A., 2000. "Sterculiaceae: (ed.) Flora de la República de Cuba. Serie A", *Plantas Vasculares*. Fascículo3(4). 68 pp. Koenigstein: KoeltzScientificBooks. Alemania. ISBN 3-87429-415-3.

Roig, J.T., 2014. *Diccionario Botánico de Nombres Vulgares Cubanos*, Cuarta edición. Editorial Científico-Técnica.La Habana. 949 pp.

Soler, P. E., Berroteran, J. L., Gil, J. L., & Acosta, R. (2012). Índice de valor de importancia, diversidad y similaridad florística de especies leñosas en tres ecosistemas de los llanos centrales de Venezuela. *Agronomía tropical*, 62(1-4), 25-37.

Valdés-Lafont, O. y R. Capote. 1989. ·El distrito Saguense (Cuba Central), contribución al conocimiento de sus características fitogeográficas. *Rev. Jard. Bot. Nac.*,10(3):229-250.

Anexo 1. Tipo de endemismo: PC: pancubano, R: regional, L: local. Grado de Amenaza: CR: En Peligro Crítico, EN: En Peligro, VU: Vulnerable, A: Amenazado.

Nombre Científico	**Nombre Vulgar**	**Endémico**		**Tipo de endemismo**			**Grado de Amenaza**			
		End	no	PC	R	L	CR	EN	VU	A
HELECHOS										
POLYPODIACEAE										
Phlebodium aureum (L.) Smith	Calaguala	x		x						
PTERIDACEAE										
Adiantum fragile Sw.	Culantrillo	x		x						
GIMNOSPERMAS										
ZAMIACEAE										
Zamia sp.	Guáyara, Yuquilla de ratón	x		x						
ANGIOSPERMAS										
ACANTHACEAE										
Oplonia tetrasticha (Wr. ex Griseb.) Stearn *		x								
AGAVACEAE										
Agave legrelliana Jacobi,	Maguey	x			x					
ANACARDIACEAE										
Comocladia platyphylla A.Rich	Guao	x		x						
APOCYNACEAE										
Cameraria retusa Griseb.		x		x						
ARACEAE										
Anthurium cubense Engler,	Anturium	x								
Xantosoma cubense (Schott) Schott.,	Malanga	x								
ASTERACEAE										
Vernonia menthifolia (Poepp. ex Spreng.) Less.	Rompesaragüey macho	x		x						
BIGNONIACEAE		End	no	PC	R	L	CR	EN	VU	A
Catalpa punctata (Grises.)	Roble de olor	x			x					
Distictis gnaphalanta (A. Rich.) Urb.		x		x						
Tabebuiashaferi Brito.	Roble	x		x						
BORAGINACEAE										
Cordia sulcata DC.	Ateje cimarrón, Palo tabaco	x		x						
CACTACEAE										
Pilosocereus robinii (Lem.) Bly. Et Rowl.		x			x			x		
CAESALPINIACEAE										
Senna insularis (Britt. & Rose) Irwin et Barneby	Bejuco de la Virgen	x		x						
CLUSIACEAE										
Garcinia aristata (Grises.) Borhidi.,	Manajú	x		x			x			
COMBRETACEAE		End	no	PC	R	L	CR	EN	VU	A
Terminalia eriostachya A. Rich.	Chicharrón	x		x					x	
Terminalia neglecta Bisse.	Chicharrón	x			x					
DICHAPETALACEAE										
Tapura obovada Britt et Wils.	Cagada de aura	x			x					
ELAEOCARPACEAE										
Sloanea amygdalina Griseb.	Berijúa, Juba blanca	x		x			x			
EUPHORBIACEAE										
Chascotheca neopeltandra (Griseb) Urb.		x		x						
Pera oppositifolia Griseb.	Yayabacaná	x			x		x			

FABACEAE		End	no	PC	R	L	CR	EN	VU	A
Ateleia apetala Griseb.	Rala de gallina	x			x					
Canavalia nitida (Cav.) Piper.		x		x						
Canavalia ekmanii Urb	Mate colorado	x		x						
Hebestigma cubense (Kunth) Urb.	*Frijolillo, Juravaina*	x		x						
GOETZACEAE										
Espadaea amoena A. Rich.	Rasca barriga	x		x						
LORANTHACEAE										
Dendropemon lepidotus (Drug et Urb.) Leiva et arias	Palo caballero	x		x						
MENISPERMACEAE										
Hyperbaena domingensis (DC.) Benth.	Bejuco prieto	x		x						
MYRTACEAE										
Calyptranthes decandra Griseb.	Mije	x			x					
OLEACEAE										
Forestiera rhamnifolia Griseb.	Coreicillo	x		x						
ORCHIDACEAE										
Encyclia phoenicea (Ldl.) Neum.		x		x						
PIPERACEAE										
Piper aduncum L.	Platanillo de Cuba	x		x						
POLYGALACEAE										
Securidaca elliptica Turcz	Maravedí	x		x						
RUBIACEAE										
Casasia calophylla A. Rich.	Jagüilla	x		x						
Guettarda calyptrata A. Rich.	Contraguao	x		x						
Guettarda urbanii Ekm. ex Urb.	Guayabillo	x			x					x
Machaonia havanensis (Jacq.) Alain		x			x					
Psychotria horizontales Sw.	Tapa camino	x		x						
SAPOTACEAE		End	no	PC	R	L	CR	EN	VU	A
Pouteria dictyoneura(Griseb) Radlk	Cocuyo	x		x				x		

Anexo 3. Listado de especies de la flora de Sierra Las Damas.

Tipo de endemismo: PC: pancubano, R: regional, L: local. Grado de Amenaza: CR: En Peligro Crítico, EN: En Peligro, VU: Vulnerable, A: Amenazado. Usos: Ma: maderable, Me: medicinal, Ml: melífero, Fr: frutal, Fo: forestal, O: otros usos.

Nombre Científico	**Nombre Vulgar**	**Endémico**		**Tipo de endemismo**			**Grado de Amenaza**				**Uso**					
		End	no	PC	R	L	CR	EN	VU	A	Ma	Me	Ml	Fr	Fo	O
HELECHOS																
DRYOPTERIDACEAE																
Maxoniaapiifolia(Sw.) C. Chr.	Helecho trepador		x					x								x
POLYPODIACEAE																
Campyloneurum phyllitidis (L.) Presl.	Pasa de negro															x
Microgramma heterophylla (L.) ferry	Helecho															
Microgramma piloselloides (L.) Copel	Helecho															
Niphidiumcrassifolium (L.) Lellinger	Helecho															
Phlebodium aureum (L.) Smith	Calaguala	x		x								x				
Polypodium polypodioides (L.) Watt.	Doradilla											x				
Tectaria heracleifolia (Willd.) Underw.	Helecho															
PTERIDACEAE																
Adiantum capillus-veneris L.	Culantrillo de pozo															
Adiantum fragile Sw.	Culantrillo	x		x												
Adiantum tenerum Sw.	Culantrillo															
Adiantum villosum L.	Culantrillo															
Pteris longifolia	Helecho															
Pteris vitata	Helecho															
SELAGINELLACEAE																
Selaginella plumosa (L.) C. Presl	Selaginela															x
GIMNOSPERMAS																
ZAMIACEAE																
Zamia latifoliata	Guáyara, Yuquilla de ratón	x														x
ANGIOSPERMAS																
ACANTHACEAE																
Justicia reptans Sw.																
Dicliptera assurgens (L.) Juss. Gallito, Justicia																
Oplonia tetrasticha (Wr. ex Griseb.) Stearn *		x														
Ruellia nudiflora	Salta perico															
Thunbergia alata Coger ex Sims																
Thunbergia fragrans Roxb.																
AGAVACEAE																
Agave legrelliana Jacobi,	Maguey	x			x											
Fulcraea haxapetala (Jacq) Urb.,	Henequén															
AMARANTHACEAE		End	no	PC	R	L	CR	EN	VU	A	Ma	Me	Ml	Fr	Fo	O
Chamissoa altissima (Jacq.) H.B.K.,	Bejuco de canasta															x
Iresine flavescens H. & P.																
AMARYLLIDACEAE																
Himenocallis americana Roem,	Lirio de potreros															x
AMYGDALACEAE																

Prunus myrtifolia (L.) Urb.	Almendrillo, Cuajaní hembra										x	x			x	
Prunusoccidentalis Sw.	Cuajaní										x	x			x	
ANACARDIACEAE																
Comocladia dentata Jacq.	Guao Prieto											x				
Comocladia platyphylla A.Rich	Guao	x		x								x				
Mangifera indica L.	Mango													x	x	
Spondias mombin L.	Jobo													x	x	x
ANNONACEAE																
Annona montana Maca.	Guanábana cimarrona													x		
Oxandra lanceolata (Sw.) Baill.	Yaya										x				x	
Oxandra laurifolia (Sw.) A. Rich	Purio										x				x	
APOCYNACEAE																
Angadenia berterii (A. DC.) Miers,	Marrullerito															
Heteropteris laurifolia (L.) A. Juss.																
Cameraria retusa Griseb.		x		x												
Echites umbellata Jacq.	Curamagüey											x				
Forsteronia corymbosa (Jacq.) G. Meyer,	Coralito, Bejuco prieto															
Plumeria obtusa L.,	Lirio blanco											x				x
Rauvolfia nitida	Malambo											x			x	
Rauvolfia tetraphylla L.	Cagada de aura															
AQUIFOLIACEAE																
Ilex repanda Griseb.,	Acebo, Palo bobo															
ARACEAE																
Anthurium cubense Engler,	Anturium	x														
Philodedron consanguineun Schott.	Macusey hembra															
Philodendron lacerum (Jacq.) Schott.,	Macusey macho															
Xantosoma cubense (Schott) Schott.,	Malanga	x														
ARALIACEAE		End	no	PC	R	L	CR	EN	VU	A	Ma	Me	Ml	Fr	Fo	O
Dendropanax arboreus (L.) Dec. & Planch.	Vívona														x	
Didimopanax morototoni (Aubl) Dec. Et. Planch.	Yagruma macho,														x	
ARECACEAE																
Roystonea regia (Kunth) O. F. Cook.	Palma real										x	x	x		x	x
ASCLEPIADACEAE																
Asclepia curasabica L.	Caléndula roja											x				
Asclepia nivea L.	Caléndula blanca											x				
Cynanchum caribaeum Alain,	Matachivo															
Cynanchum sp.	Alambrillo															
Fischeria crispiflora (Sw.) Schltr.	Huevo de toro															
ASTERACEAE																
Ageratum conyzoides L.	Celestina azul															
Baccharis halinifolia L.	Yanilla															
Bidens alba (L.) DC. var. *radiata*	Romerillo											x				
Cyanthillium cinereum (L.) H. Rob.	Carquesa															
Emilia fosbergii Nicolson	Clavel chino															
Eupatorium havanense HBK.																
Eupatorium odoratum L.	Rompezaragüey															x
Eupatorium villosum Sw.	Casco de mulo															
Lagascia mollis Cav.																
Mikania micranta HBK.																
Parthenium hysterophorum	Escoba amarga															
Pluchea carolinensis (Jacq.) G. Don in Sweet.																
Verbesina alata L.	Botoncillo															

Vernonia menthifolia (Poepp. ex Spreng.) Less.	Rompesaragüey macho	x		x												
Viguiera dentata (Cav.) Spreng.	Romerillón															
BIGNONIACEAE		End	no	PC	R	L	CR	EN	VU	A	Ma	Me	Ml	Fr	Fo	O
Catalpa punctata (Grises.)	Roble de olor	x			x										x	
Crescentia cujete L.	Güira											x			x	
Cydista diversifolia (HBK) Miers.	Bejuco de vieja															
Distictis gnaphalanta (A. Rich.) Urb.		x		x												
Jacaranda coerulea (L.) Griseb.	Abey macho														x	x
Parmentiera edulis D.C.	Chote															x
Pithecoctenium echinatum (Aubl.) K. Schum.	Guayito															
Tabebuia angustata Britt.	Roble blanco														x	x
Tabebuiashaferi Brito.	Roble	x		x												x
Tecoma stans L. Juss. Ex Kunth.,	Saúco amarillo															x
BOMBACACEAE																
Ceiba pentandra (L.) Gaerth.	Ceiba														x	x
BORAGINACEAE																
Bourreria ovata Miers.,	Fruta de catey															
Cordia collococca L.	Ateje colorado														x	x
Cordia dentata Poir.	Ateje americano, Ateje amarillo															x
Cordia lineata (L.) R & S.																
Cordia sulcata DC.	Ateje cimarrón, Palo tabaco	x		x											x	
Ehretia tinifolia L.	Llorón, Guayo prieto														x	
Cordia gerascanthus L.	Baría										x				x	
Tournefortia bicolor Sw.	Nigua													x		
Tournefortia hirsutissima L.	Nigua													x		
Tournefortia glabra L.																
Varronia globosa var.*Humilis*(Jacq.) Borhidi,	Yerba de la Sangre, Juan Prieto											x				
BRASSICACEAE																
Rorippa poetoricensis (Spreng) Stehlé	Rábano cimarrón															
BROMELIACEAE																
Bromelia pinguin L.	Piña de ratón											x				x
Catopsis nitida (Hook) Griseb.	Curujey															
Hohenbergia penduliflora (A. Rich.) Mez	Curujey															
Gusmania monostachya (L.) Rugby ex Mez.	Curujey															
Tillandsia balbisiana Schult.	Curujey															
Tillandsia bulbosa Hook.	Curujey															
Tillandsia flexuosa Sw. Curujey																
Tillandsia pruinosa Sw.	Curujey															
Tillandsia recurvata L.	Curujey															
Tillandsia tenuifolia L.	Curujey															
Tillandsia usneoides L.	Guajaca															
Tillandsia valenzuelana A. Rich.	Curujey															
BURSERACEAE		End	no	PC	R	L	CR	EN	VU	A	Ma	Me	Ml	Fr	Fo	O
Bursera simaruba (L.) Sargent,	Almácigo											x			x	x
CACTACEAE																
Pilosocereus robinii (Lem.) Bly. Et Rowl.		x			x			x								x
Rhipsalis cassutha Gaertn.	Disciplinilla															
Selenicereus grandiflorus (L.) Britt. & Rose	Reina de la noche															x
CAESALPINIACEAE																
Chamaecrista nictitans (L.) (Moench.)																
Senna insularis (Britt. & Rose) Irwin et Barneby	Bejuco de la Virgen	x		x												

Senna ligustrina (L.) Irwin et Barneby var. *ligustrina*	Guanina															
Senna occidentales (L.) Link	Guanina															
Poeppigia procera Pressl.	Tenge														x	
CAMPANULACEAE																
Hipporoma longiflora (L.) Paterm.	Revienta caballo															
CANELLACEAE																
Canella winterana (L.) Gaertn.	Canelón											x			x	
CAPPARACEAE																
Capparis flexuosa L.	Mostacilla															
CECROPIACEAE																
Cecropia schreberiana Miq.	Yagruma											x			x	
CELASTRACEAE																
Schaefferia frutescens Jacq.	Panza de vaca															
CLUSIACEAE																
Calophyllum antillanum Britt.	Ocuje														x	
Clusia rosea Jacq.	Copey														x	
Clusia minor L.	Copeycillo															
Garcinia aristata (Grises.) Borhidi.,	Manajú	x		x			x								x	
COMBRETACEAE		End	no	PC	R	L	CR	EN	VU	A	Ma	Me	Ml	Fr	Fo	O
Buchenavia tetraphylla (Aubi,) How.	Júcaro amarillo														x	
Terminalia catappa L.	Almendrón														x	x
Terminalia eriostachya A. Rich.	Chicharrón	x		x					x						x	
Terminalia neglecta Bisse.	Chicharrón	x			x										x	
CONVOLVULACEAE																
Ipomoea alba L.	Flor de la Y												x			
Ipomoea carolina L.	Bejuco indio												x			
Ipomoea nil (L.) Roth.	Campana azul												x			
Ipomoea tiliaceae (Will.) Choisy													x			
Ipomoea triloba L.													x			
Merremia tuberosa (L.) Rendle	Campanilla amarilla												x			
Turbina corymbosa (L.) Raf.	Campanilla blanca												x			
CUCURBITACEAE																
Cucumis melo L.	Meloncillo															
Elatherium carthaginensis Jacq.																
Luffa cilindrica L.	Estropajo															x
Melotria guadalupensis (Spreng.) Cogn.	Pepino cimarrón															
Momordica charantia L.	Cundeamor															x
Psiguria pedata (L.) Howard	Mi flor															
CUSCUTACEAE																
Cuscuta americana L.																
CYPERACEAE																
Scleria lithosperma (L.) Sw.																
DICHAPETALACEAE																
Tapura obovada Britt et Wils.	Cagada de aura	x			x											
DILLENIACEAE																
Davilla rugosa Poir.	Bejuco colorado															x
Dolicarpus dentatus (Aubl.) Standi.	Bejuco guajamón															x
DIOSCORIACEAE		End	no	PC	R	L	CR	EN	VU	A	Ma	Me	Ml	Fr	Fo	O
Dioscoria sp.	Ñame cimarrón															x
Rajania angustifolia Sw.	Ñame cimarrón															x
Rajania cordata L.	Alambrillo															
ELAEOCARPACEAE																
Mutingia calabura L.	Guasimilla, Capulí													x		
Sloanea amygdalina Griseb.	Berijúa, Juba blanca	x		x			x								x	
ERYTHROXYLACEAE																
Erythroxylum areolatum L.	Arabo														x	
Erythroxylum confusum Britton	Arabo															

Erythroxylum havanense Jacq.	Jibá											x				x
EUPHORBIACEAE																
Adelia ricinella L.	Jía blanca														x	
Bernardia corensis	Malva blanca															
Croton lobatus L.	Frailecillo															
Croton lucidus L.	Cuaba de ingenio															
Chascotheca neopeltandra (Griseb) Urb.		x		x												
Drypetes alba Poit.	Hueso														x	
Drypetes lateriflora (Sw.) Krug. & Urb.	Carbonero														x	
Euphorbia cyathopora Murr.	Hierba de pascua															
Gymnanthes lucida Sw.	Yaití														x	
Jatropha curcas L.	Piñón botija															x
Jatropha gossypifolia L.	Tuatúa											x				
Jatropha integerrima Jacq.	Yuramira,Peregrina															x
Pera oppositifolia Griseb.	Yayabacaná	x			x		x								x	
Platygyne hexandra (Jacq.) Muell. Arg.	Ortiguilla blanca															x
Ricinus comunis L.	Higuereta											x				
Sapium jamaicense Sw.	Piñique, Lechero														x	
Savia perlucens Brito	Hicaquillo															
Savia sessiliflora (Sw.) Willd.	Ahorca jíbaro															
Tragia volubilis L.	Ortiguilla morada															x
Ura crepitans L.	Salvadera														x	x
FABACEAE		End	no	PC	R	L	CR	EN	VU	A	Ma	Me	Ml	Fr	Fo	O
Abrus precatoruius L.	Peonía															x
Aeschynomene sp.																
Alysicarpus vaginalis (L.) DC.																
Andira inermis (W. Wright) Kunth ex DC.	Yaba														x	
Ateleia apetala Griseb.	Rala de gallina	x			x										x	
Canavalia nitida (Cav.) Piper.		x		x												
Canavalia ekmanii Urb	Mate colorado	x		x												x
Centrocema pubescens Benth.	Criquita blanca															
Centrocema virginianum (L.) Benth.	Criquita violeta															
Crotalaria retusa L.																
Desmodium axillare (Sw.) DC.																
Desmodium incanum (J.F. Gmel.). Schinz& Tellung.	Amor seco											x				
Desmodium triflorum (L.) DC.																
Erythrina berteroana Urban	Piñón de pito														x	x
Galactia striata (Jacq.) Urb.																
Gliricidia sepium (Jac.) Steud.	Bienvestido														x	x
Hebestigma cubense (Kunth) Urb.	Frijolillo, Juravaina	x		x											x	
Indigofera suffruticosa Millar	Añil															x
Indigofera tintorea L.																x
Lablab purpureus (L.) Sweet.	Frijol de flor blanca															
Lonchocarpus domingensis (Pers.) DC.	Guamá														x	
Macroptilium lathyroides (L.) Ext.	Contramaligna											x				
Mucuna pruriens (L.) DC.	Pica pica															
Rhynchosia reticulata (Sw.) DC.	Peonía blanca															
Rhynchosia phaseoloides DC.	Peonía															x
Trifolium repens L.																
FLACOURTIACEAE		End	no	PC	R	L	CR	EN	VU	A	Ma	Me	Ml	Fr	Fo	O
Casearia aculeata Jacq.	Jía prieta															
Casearia guianensis (Aubl.) Urb.	Jía amarilla															
Casearia hirsuta Sw.	Raspalemgua															
Casearia spinescens (Sw.) Grises.	Jía prieta															
Casearia sylvestris (Sw) var. *sylvestris*	Sarnilla															

Gossypiospermum praecox (Griseb.) P. Wils.	Agracejo										x					x
Homalium racemosum Jacq.																
Prokia crucis L.	Guasimilla amarilla															
Zuelania guidonea (Sw.) Britt. &Millsp.	Guaguasí											x			x	
GOETZACEAE																
Espadaea amoena A. Rich.	Rasca barriga	x		x												
LABIATEAE																
Salvia sp.																
LAMIACEAE																
Leonotis nepetifolia (L.) W.T. Ait.	Bastón de San Francisco															
LAURACEAE																
Cassytha filiformis L.	Fideo															
Licaria jamaicensis (Ness.) Kosterman	Levisa														x	
Nectandra antillana Meisa.	Aguacatillo														x	
Nectandra coriacea (Sw.) Griseb.	Cigua														x	
LOGONIACEAE																
Strychnos grayi Griseb.	Manca montero															
LORANTHACEAE																
Dendropemon confertiflorus (Krug. & Urban) Leiva & Arias	Palo caballero															
Dendropemon lepidotus (Drug et Urb.) Leiva et arias	Palo caballero	x		x												
MALPIGHIACEAE																
Bunchosia articulata Dolsom.																
Bunchosia media (Ait.) DC.																
Stigmaphyllon sagraeanum A. Juss.	Bejuco de San Pedro															
Triopteris rigida Sw.																
MARCGRAVIACEAE		End	no	PC	R	L	CR	EN	VU	A	Ma	Me	Ml	Fr	Fo	O
Marcgravia rectili flora Tr. & Pl.	Bejuco de codicia															
MALVACEAE																
Gossypium barbadense L.	Algodón															x
Hibiscus elatus Sw.	Majagua										x				x	
Malachra alceifolia Jacq.	Malva															
Malachra capitata L.	Malva															
Pavonia fruticosa (Mill.) Faw. et Rendle	Tábano															
Pavonia spinifex (L.) Cav.																
Sida acuta Burm. fil.	Malva															
Sida rombifolia L.	Malva															
Sida urens L.	Malva															
Sida veronicaefolia Lam.	Malva															
Sidastrun sp.																
Urena lobata L.	Malva rosada															
MELASTOMATACEAE																
Miconia impetiolaris (Sw.) D.	Cristo verde															
Miconia laevigata (L.) DC.	Cordovancillo															
MELIACEAE																
Cedrela odorata L.	Cedro										x				x	
Guarea guidonea (L.)Sleumer	Yamagua										x				x	
Swietenia mahagoni (L.)Sleumer	Caoba del país										x				x	
Trichilia havanensis Jacq.	Ciguaraya											x			x	x
Trichilia hirta L.	Guabán											x			x	
MENISPERMACEAE																
Cissampelos pareira L.	Bejuco pareira															
Hyperbaena domingensis (DC.) Benth.	Bejuco prieto	x		x												
MIMOSACEAE																
Acacia farnesiana (L.) Will.	Aroma amarilla															
Acacia tenuifolia (L.) Will.	Tocino															
Albizia lebbek (L.) Benth.	Algarrobo de olor														x	

Cojoba arborea Brito. & Rose	Moruro rojo											x			x	
Desmantus virgatus (L.) Willd																
Dichrostachys cinerea (L.) Wright & Arn.	Marabú															
Mimosa pellita Humb. & Bonpl. Ex Willd	Weiler															
Mimosa pudica L.	Dormidera															
Leucaena leucocephala (Lam.) De Nit.	Leucaena														x	
Lysiloma sabicu A Rich	Sabicú									x	x				x	
Pithecellobium sp.																
Pithecellobium dulcis	Inga dulce														x	
Samanea saman (Jacq.) Merrill.	Algarrobo														x	
MORACEAE		End	no	PC	R	L	CR	EN	VU	A	Ma	Me	Ml	Fr	Fo	O
Ficus aurea Nutt.	Jagüey														x	
Ficus brevifolia L.	Jagüeycillo														x	
Ficus havanensis Rossb.	Jagüey														x	
Ficus jacquinifolia A. Rich. J	agüeycillo														x	
Ficus membranacea C. Wr.	Jagüey														x	
Psedolmedia spuria (Sw.) Griseb.	Macagua														x	
Trophis racemosa (L.) Urb.	Ramón														x	
MYRSINACEAE																
Wallenia laurifolia (Jacq.) Sw.	Casmao, Casmagua															
MYRTACEAE																
Calyptranthes decandra Griseb.	Mije	x			x											x
Eugenia axillaris (Sw.) Griseb.	Guairaje colorado														x	
Eugenia ligustrina (Sw)	Birijí											x				x
Myrciaria floribunda (West ex Willd.) Berg.	Mije															
Psidium guajava L.	Guayaba													x		
NYCTAGINACEAE																
Guapira discolor (Spreng.) Britton	Barre horno															
Pisonia aculeata L.	Zarza prieta															
OCNACEAE																
Ouratea ilicifolia D. C.	Rascabarriga															
OLEACEAE																
Chionantus dominguensis Lam.	Bayito, Guaney															
Forestiera rhamnifolia Griseb.	Coreicillo	x		x												
ONAGRACEAE																
Ludwigia octovalis (Jacq.) Raven,	Clavellina amarilla															
ORCHIDACEAE																
Bletia purpurea (Lam.) DC. P.	Candelaria															x
Brassia caudata (L.) Ldt.	Jirafa															x
Bulbophyllum pachyrrhaquis (A. Rich.) Grises.																x
Cyrtopodium puctatum (L.) Lindl.	Cañuela											x				x
Dendrophylax varius (Gemel.) Urb. G.																x
Encyclia fucata (Ldl.) Britt. Et Millsp.	Vainilla amarilla															x
Encyclia phoenicea (Ldl.) Neum.		x		x												x
Oeceoclades maculata (Lindl.) Lindl.	Lengua de vaca															
Polystachia concreta (Jacq.) Garay et Sweet. R.S.																
Polystachia foliose (Hooker) Reinchenbadr f.																
Ponthieva racemosa (Walter) Mohr																
Prosthechea bottiana (Lindl.) W. E. Higgins																x
Prosthechea cochleata (L.) Higgins.	Orquídea araña															x
Spiranthes sp.																
Sacoila lanceolata (Aubl.) Garay																
Trichocentrum undulatum (Sw.) Ackeman & M.W. Chase.	Oreja de burro, Flor de San Pedro															x

Vanilla dilloniana Correll	Vainilla															x
Vanilla phaeantha Rchb. f.	Vainilla															x
PAPAVERACEAE		End	no	PC	R	L	CR	EN	VU	A	Ma	Me	Ml	Fr	Fo	O
Argemone mexicana L.	Cardosanto											x				
PASSIFLORACEAE																
Passiflora foetida L.	Pasiflora											x				
Passiflora holocericea L.	Pasiflora											x				
Passiflora multiflora L.	Pasiflora											x				
Passiflora penduliflora Bert.	Pasionaria											x				
Passiflora suberosa L.	Pasiflora											x				
PHYTOLACACEAE		End	no	PC	R	L	CR	EN	VU	A	Ma	Me	Ml	Fr	Fo	O
Petiveria alliaceae L.	Anamú											x				
Rivina humilis L.	Ojito de ratón															
Trichostigma octandrum (L.) H. Walt.	Bejuco de canasta															x
PIPERACEAE																
Peperomia rotundifolia (L.) Kunth.	Lentejuela											x				
Piper aduncum L.	Platanillo de Cuba	x		x												x
Pothomorphe peltata (L.) Miq.	Caisimón											x				
PLUMBAGINACEAE																
Plumbago scandens L.	Embelezo silvestre															
POACEAE																
Andropogon gracilis Spreng.																
Eleusine indica (L.) Gaertner																
Lasiacis divaricata (L.) Hitchc.	Tibisí de monte															
Olyra latifolia Desv.	Tibisí															
Oplismenus setarius (Lam.) R. & S.																
Panicum maximum Jacq.	Hierba de Guinea															
Pharus glaber H.B.K.	Pega perro															
Paspalum notatum Flugge.	Alpargata															
Sorghun halepense (L.)Pers.	Don Carlos															
Sporobolus indicus (L.) R. Br.																
POLYGALACEAE																
Securidaca elliptica Turcz	Maravedí	x		x												x
PSILOTACEAE																
Psilotum nudum (L.) Griseb.	Caballero de palmas															
RANUNCULACEAE																
Clematis dioica L.	Cabellos de ángel															
RHAMNACEAE																
Colubrina arborescens (Mill.) Sarg.	Bijaguara														x	
Gouania polygama (Jacq.) Urb.	Bejuco leñatero												x			
RUBIACEAE																
Alibertia edulis (L.C. Rich.) A. Rich. Ex DC.	Pitajón															
Amaioua corymbosa Kunth.	Navacón														x	
Calycophyllum candidissimum (Vahl.) DC.	Dagame										x				x	
Casasia calophylla A. Rich.	Jagüilla	x		x												
Chiococca alba (L.) Hitchc.	Bejuco de berraco											x				
Chione venosa (Sw) Urb.										x						
Erithalis fruticosa L.	Cuaba prieta															
Exostema caribaeum (Jacq.) R & S.	Lírio Santana															
Faramea occidentalis (L.) A. Rich.	Navaco															
Genipa americana L.	Jagua														x	
Guettarda calyptrata A. Rich.	Contraguao	x		x								x				
Guettarda scabra (L.) Lam.	Carapacho															
Guettarda urbanii Ekm. ex Urb.	Guayabillo	x			x					x						
Hamelia patens Jacq.	Ponasí											x				
Machaonia havanensis (Jacq.) Alain		x			x											

Palycourea domingensis (Jacq.) DC.	Taburete															
Psychotria horizontales Sw.	Tapa camino	x		x												
Stenostomun lucidum (Sw) Gaertn	Llorón														x	
RUTACEAE		End	no	PC	R	L	C R	E N	V U	A	M a	M e	M l	F r	F o	O
Amyris elemifera L.	Cuaba															x
Amyris balsamifera L.	Cuabilla															x
Zanthoxylum elephantiasis Macfd.	Bayúa										x				x	
Zanthoxylum fagara (L.) Sargent.	Uña de gato,Chivo															
Zanthoxylum martinicense (Lam.) DC.	Ayúa														x	
SAPINDACEAE																
Allophylus cominia (L.) Sw.	Palo de caja											x				
Cupania americana L.	Guárana colorada											x			x	
Cupania glabra Sw.	Guárana blanca											x			x	
Exothea paniculata (Juss.) Radlk.	Yaicuaje										x				x	
Melicoccus bijugatus Jacq.	Anoncillo													x	x	
Paullinia fucescens HBK.	Bejuco colorado															x
Serjania diversifolia (Jacq.) *Radlk.*	Bejuco colorado															x
Serjania subdentata Juss.	Bejuco esquinado															x
Serjania sp.																x
Thouinia trifoliata Poit.	Palo caimán														x	
SAPOTACEAE		End	no	PC	R	L	C R	E N	V U	A	M a	M e	M l	F r	F o	O
Chrysophyllum oliviforme L.	Caimitillo													x	x	
Pouteria chrysophyllifolia (Griseb) Baehni	Sapote culebra de costa								x						x	
Pouteria dictyoneura(Griseb) Radlk	Cocuyo	x		x				x							x	
Pouteria domingensis (C.F. Gaertn.) Baehni,	Sapote culebra													x	x	
Sideroxylon domingensis (Urb.)	Juba										x				x	
Sideroxylon foetidissimum Jacq.	Jocuma										x				x	
Sideroxylon salicifolium Gaertn.	Cuyá										x				x	
SCROPHULARIACEAE																
Capraria biflora L.	Escabiosa											x				
Mecardonia procumbens (Mill.) Small.																
SIMARUBACEAE																
Alvaradoa amorphoides Liebm. subsp *psilophylla* (Urb.) Cronquist	Aparecida, Aroma blanca															
Picramnia pentandra Sw.	Aguedita											x				
Simaruba glauca DC.	Gavilán, Cantante														x	
SMILACACEAE																
Smilax domingensis	Bejuco chino															
Smilax havanensis Jacq.	Bejuco chino															
SOLANACEAE																
Capsicum frutescens L. var. *frutescens*	Ají guaguao															x
Cestrum diurnum L.	Almenoche															
Lycianthes lenta (Cav.) Bitter.																
Solandra longiflora Tuss.	Palo guaco															x
Solanum havanense Jacq.	Ají de China															x
Solanum americanum Mill.	Yerba mora											x				
Solanum eriantum D. Don	Pendejera															
Solanum torvum Sw.	Pendejera espinosa															
STERCULIACEAE																
Guazuma ulmifolia L.	Guásima											x			x	
Melochia nudiflora Sw.	Malva colorada															
Melochia pyramidata L.	Malva de caballo															

Melochia villosa (Mill.) Fawe. & Rendle	Malva mora															
Sterculia apetala (Jacq.) Karst.	Anacagüita, Goma															
Waltheria indica L.	Malva blanca															
THYMELIACEAE		End	no	PC	R	L	C R	E N	V U	A	M a	M e	M l	F r	F o	O
Daphnopsis americana subsp. *tinifolia* (Sw.) Nevling	Guacacoa						x								x	
TILIACEAE																
Luchea speciosa Willd.	Guásima varía														x	
Tiumfetta bogotensis DC.	Guizazo bobo															
Tiumfetta lappula L.	Malva de puerco															
Tiumfetta semitriloba Jacq.	Guizazo											x				
ULMACEAE																
Celtis iguanaea (Jacq.) Sarg.	Zarza parrilla															
Celtis trinervia Lam.	Guasimilla														x	
Trema micrantha (L.) Blume	Guasimilla cimarrona														x	
URTICACEAE																
Fleurya cuneata (A.Rich.) Wedd.	Ortiga															
Pilea microphylla (L.) Liebm.	Frescura															x
Urera baccifera (L.) Gaud.	Chichicate											x				
Urtica ureas L.	Ortiga															
VERBENACEAE																
Citharexylum spinosum L.	Roble guayo														x	
Duranta repens L.	No me olvides															x
Lantana camara L. var. *aculeata* (L.) Mold.	Filigrana															x
Petitia domingensis Jacq.	Guayo														x	
Phyla nodiflora (L.) Greene	Oro azul															x
Stadentarfetia cayenensis	Verbena cimarrona															
Stachytarpheta jamaicensis (L.) Vahl.	Verbena cimarrona (común)											x				
VISCACEAE																
Phoradendron randiae (Bello) Britt.	Palo caballero															
VITACEAE																
Ampelocissus robinsonii Planch.																
Cissus caustica Tuss.	Ubí															
Cissus sicyoides L.	Bejuco ubí											x				
Cissus rhombifolia Vahl.	Ubí															
Cissus trifoliata L.	Ubí macho															
Vitis tiliaefolia Humb.	Uva parra													x		

Printed by Books on Demand GmbH, Norderstedt / Germany